独立基础、条形基础、筏形基础

张 军 主编

江苏凤凰科学技术出版社

图书在版编目(CIP)数据

12G901 图集精识快算. 独立基础、条形基础、筏形基
础 / 白雅君主编；张军分册主编.—南京：江苏凤凰
科学技术出版社，2015.3
　ISBN 978-7-5537-0646-7

　Ⅰ. ①1… Ⅱ. ①白… ②张… Ⅲ. ①钢筋混凝土结构
—结构计算 Ⅳ. ①TU375.01

中国版本图书馆 CIP 数据核字(2014)第 285927 号

12G901 图集精识快算
独立基础、条形基础、筏形基础

主　　　　编	张　军	
项 目 策 划	凤凰空间/翟永梅	
责 任 编 辑	刘屹立	
特 约 编 辑	翟永梅	

出 版 发 行	凤凰出版传媒股份有限公司
	江苏凤凰科学技术出版社
出版社地址	南京市湖南路 1 号 A 楼，邮编:210009
出版社网址	http://www.pspress.cn
总 经 销	天津凤凰空间文化传媒有限公司
总经销网址	http://www.ifengspace.cn
经 　 销	全国新华书店
印 　 刷	天津泰宇印务有限公司

开　　　本	710 mm×1 000 mm　1/16
印　　　张	11
字　　　数	241 000
版　　　次	2015 年 3 月第 1 版
印　　　次	2015 年 3 月第 1 次印刷

标 准 书 号	ISBN 978-7-5537-0646-7
定　　　价	26.00 元

图书如有印装质量问题，可随时向销售部调换（电话:022-87893668）。

本书编委会

主　　编　张　军

参　　编　陈　菊　段云峰　温晓杰　倪长也

　　　　　索　强　白雪影　刘　虎　孙　喆

　　　　　夏　怡　胡　畔　邹　雯　宋春亮

内容提要

　　本书依据《混凝土结构施工钢筋排布规则与构造详图(独立基础、条形基础、筏形基础、桩基承台)》(12G901-3)最新图集及《混凝土结构设计规范》(GB 50010—2010)、《建筑抗震设计规范》(GB 50011—2010)编写,主要内容包括基础知识、独立基础精识快算、条形基础精识快算、筏形基础精识快算、与基础有关的构造等。以平法制图规则为基础,结合具体的钢筋排布构造识图,通过计算实例详细讲解了独立基础、条形基础、筏形基础的各类钢筋在实际工程中的识图与计算。

　　本书可供设计人员、施工技术人员、工程造价人员以及相关专业大中专的师生学习参考。

前　言

　　所谓平法就是把结构构件尺寸和钢筋等,按照平面整体表示方法的制图规则,整体直接地表达在各类构件的结构平面布置图上,再与标准构造详图相配合,构成一套完整的结构施工图的方法。平法改变了传统结构施工图中从平面布置图中索引,再逐个绘制配筋详图的烦琐方法,是混凝土结构施工图设计方法的重大改革。随着 11G101 系列图集的更新,12G901 系列图集也进行了更新。12G901 系列图集同时是对 11G101 系列图集构造内容在施工时钢筋排布构造的深化设计。

　　本书依据《12G901－3》最新图集及《混凝土结构设计规范》(GB 50010—2010)、《建筑抗震设计规范》(GB 50011—2010)等编写,主要内容包括基础知识、独立基础精识快算、条形基础精识快算,筏形基础精识快算,与基础有关的构造等。以平法制图规则为基础,结合具体的钢筋排布构造识图,通过计算实例详细讲解了独立基础、条形基础、筏形基础的各类钢筋在实际工程中的识图与计算。

　　本书可供设计人员、施工技术人员、工程造价人员以及相关专业大中专的师生学习参考。

　　本书在编写过程中参阅和借鉴了许多优秀书籍、图集和有关国家标准,并得到了有关领导和专家的帮助,在此一并致谢。由于作者的学识和经验所限,书中难免存在疏漏或未尽之处,敬请有关专家和读者予以批评指正。

编者

2015 年 3 月

目　　录

1 基础知识

1.1 混凝土保护层厚度及混凝土结构的环境类别

1.1.1 混凝土保护层最小厚度

混凝土保护层指钢筋外边缘至混凝土表面的距离(图 1-1),除应符合表 1-1 的规定外,构件中受力钢筋的保护层厚度不应小于钢筋的公称直径 d。

表 1-1 混凝土保护层的最小厚度 c （单位:mm）

独立基础、条形基础、筏形基础(顶面和侧面)		备注
≤C25	≥C30	
—	—	1.设计使用年限为 100 年的结构:一类环境中,最外层钢筋的保护层厚度不应小于表中数值的 1.4 倍;二、三类环境中,应采取专门的有效措施。
25	20	2.三类环境中的钢筋可采用环氧树脂涂层带肋钢筋。
30	25	3.基础底部的钢筋最小保护层厚度为 40。当基础未设置垫层时,底部钢筋的最小保护层厚度应不小于 70(基础梁除外)。
35	30	4.当基础与土壤接触部分有可靠的防水和防腐处理时,保护层厚度可适当减小
45	40	

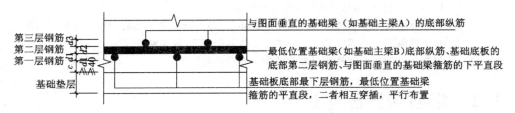

第三层钢筋
第二层钢筋
第一层钢筋
基础垫层

与图面垂直的基础梁（如基础主梁A）的底部纵筋

最低位置基础梁(如基础主梁B)底部纵筋、基础底板的底部第二层钢筋、与图面垂直的基础梁箍筋的下平直段

基础板底部最下层钢筋,最低位置基础梁箍筋的平直段,二者相互穿插,平行布置

图 1-1 基础底部钢筋层面布置图

1.1.2 混凝土结构环境类别

混凝土结构的环境类别见表1-2。

表 1-2　混凝土结构的环境类别

环境类别	条件
一	室内干燥环境 无侵蚀性静水浸没环境
二 a	室内潮湿环境 非严寒和非寒冷地区的露天环境 非严寒和非寒冷地区与无侵蚀性的水或土壤直接接触的环境 严寒和寒冷地区的冰冻线以下与无侵蚀性的水或土壤直接接触的环境
二 b	干湿交替环境 水位频繁变动环境 严寒和寒冷地区的露天环境 严寒和寒冷地区冰冻线以上与无侵蚀性的水或土壤直接接触的环境
三 a	严寒和寒冷地区冬季水位变动区环境 受除冰盐影响环境 海风环境
三 b	盐渍土环境 受除冰盐作用环境 海岸环境

注：① 室内潮湿环境是指构件表面经常处于结露或湿润状态的环境。
② 严寒和寒冷地区的划分应符合国家现行标准《民用建筑热工设计规范》(GB 50176—1993)的有关规定。
③ 海岸环境和海风环境宜根据当地情况,考虑主导风向及结构所处迎风、背风部位等因素的影响,由调查研究和工程经验确定。
④ 受除冰盐影响环境是指受到除冰盐盐雾影响的环境;受除冰盐作用环境是指被除冰盐溶液溅射的环境以及使用除冰盐地区的洗车房、停车楼等建筑。
⑤ 混凝土结构的环境是指混凝土结构表面所处的环境。

1.2　钢筋的锚固与连接

1.2.1　纵向钢筋的锚固

1. 纵向受拉钢筋基本锚固长度

纵向受拉钢筋基本锚固长度 l_{ab} 见表1-3。

表 1-3　纵向受拉钢筋的基本锚固长度 l_{ab}

钢筋种类	混凝土强度等级						
	C20	C25	C30	C35	C40	C45	C50
HPB300	39d	34d	30d	28d	25d	24d	23d
HRB335 HRBF335	38d	33d	29d	27d	25d	23d	22d
HRB400 HRBF400	—	40d	35d	32d	29d	28d	27d
HRB500 HRBF500	—	48d	43d	39d	36d	34d	32d

注：表中 d 为锚固钢筋的直径。

2. 受拉钢筋的锚固长度

$$l_a = \zeta_a l_{ab} \tag{1-1}$$

式中　l_{ab}——受拉钢筋的基本锚固长度，按表 1-3 取值；

　　　ζ_a——受拉钢筋锚固长度修正系数，按表 1-4 取用。

3. 受拉钢筋的抗震锚固长度

$$l_{aE} = \zeta_{aE} l_a \tag{1-2}$$

$$l_{abE} = \zeta_{aE} l_{ab} \tag{1-3}$$

式中　l_a——受拉钢筋的锚固长度；

　　　ζ_{aE}——受拉钢筋抗震锚固长度修正系数，对一、二级抗震等级取 1.15，对三级抗震等级取 1.05，对四级抗震等级取 1.00。

表 1-4　受拉钢筋锚固长度修正系数 ζ_a

锚固条件		ζ_a	
带肋钢筋的公称直径大于 25 mm		1.1	
环氧树脂涂层带肋钢筋		1.25	—
施工过程中易受扰动的钢筋		1.1	
锚固区保护层厚度	3d	0.8	中间时按内插值。d 为锚固钢筋的直径
	5d	0.7	

1.2.2　纵向钢筋的连接

钢筋的连接可采用绑扎搭接、机械连接或焊接。机械连接接头及焊接接头的类型和质量应符合现行国家标准的有关规定。

混凝土结构中受力钢筋的连接接头宜设置在受力较小处。在同一根钢筋上宜少设置接头。在结构的重要构件和关键部位,纵向受力钢筋不宜设置连接接头。

1. 绑扎搭接

凡绑扎搭接接头中点位于 $1.3l_l$ 长度内的绑扎搭接接头均属于同一连接区段(图 1-2)。同一连接区段内纵向钢筋搭接接头面积百分率为该区段内有搭接接头的纵向受力钢筋截面面积与全部纵向受力钢筋截面面积的比值。当受拉钢筋直径大于 25 mm 及受压钢筋直径大于 28 mm 时,不宜采用搭接接头。

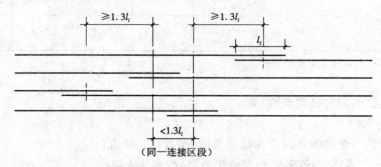

图 1-2 同一连接区段内纵向受拉钢筋绑扎搭接接头

注:当直径相同时,图示钢筋搭接接头面积百分率为 50%。

2. 同一连接区段

凡接头中点位于 $35d$(d 为纵向受力钢筋的最大直径)长度内的机械连接接头,以及接头中点位于 $35d$ 且不小于 500 mm 长度范围内的焊接接头均属于同一连接区段(图 1-3)。

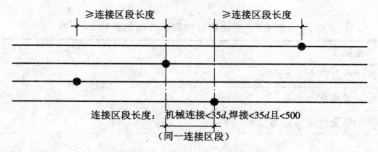

图 1-3 同一连接区段内纵向受拉钢筋机械连接、焊接接头

注:当直径相同时,图示钢筋搭接接头面积百分率为 50%。

3. 弯钩锚固和机械锚固

弯钩锚固和机械锚固形式及构造要求详见图 1-4。

4. 纵向受拉钢筋绑扎搭接长度

纵向受拉钢筋绑扎搭接长度 l_l、l_{lE} 见表 1-5,纵向受拉钢筋绑扎搭接长度修正

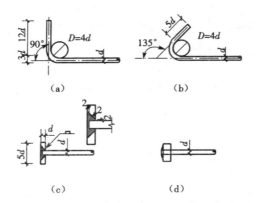

图 1-4　弯钩锚固和机械锚固的形式和构造要求

（a）末端带 90°弯钩；（b）末端带 135°弯钩；

（c）末端与钢板穿孔塞焊；（d）末端带螺栓锚头

注：① 当纵向受拉普通钢筋采用弯钩或机械锚固措施时，包括弯钩或锚固端头在内的锚固长度（投影长度）可取基本锚固长度的 60%。

② 焊缝和螺纹长度应满足承载力要求；螺栓锚头的规格应符合相关标准的要求。

③ 螺栓锚头和焊接钢板的承压面积不应小于锚固钢筋截面积的 4 倍。

④ 螺栓锚头和焊接锚板的钢筋净距小于 4d 时，应考虑群锚效应的不利影响。

⑤ 截面角部弯钩的布筋方向宜向截面内偏置。

⑥ 受压钢筋不应采用末端弯钩的锚固形式。

系数 ζ_l 见表 1-6。

表 1-5　纵向受拉钢筋绑扎搭接长度 l_l、l_{lE}

抗震	非抗震	① 当不同直径的钢筋搭接时，其 l_{lE} 与 l_l 值按较小直径计算。
$l_{lE} = \zeta_l l_{aE}$	$l_l = \zeta_l l_a$	② 任何情况下 l_l 不得小于 300 mm。 ③ 式中 ζ_l 为搭接长度修正系数，按表 1-6 取用

表 1-6　纵向受拉钢筋绑扎搭接长度修正系数 ζ_l

纵向钢筋搭接接头面积百分率/（%）	25	50	100
ζ_l	1.2	1.4	1.6

1.3　钢筋的弯钩和弯折

　　HPB300 级钢筋为受拉时，末端应做 180°弯钩，其弯弧内直径不应小于钢筋直径的 2.5 倍，弯钩的弯后平直部分长度不应小于钢筋直径的 3 倍，但作为受压钢筋可不做弯钩。如图 1-5(a)所示。

当设计要求钢筋末端需做 135°弯钩时,HRB335 级、HRB400 级钢筋的弯弧内直径不应小于钢筋直径的 4 倍,弯钩的弯后平直部分长度应符合设计要求,如图 1-5(b)所示。

当设计要求钢筋做不大于 90°弯折时,弯折处的弯弧内直径不应小于钢筋直径的 4 倍,如图 1-5(c)所示。

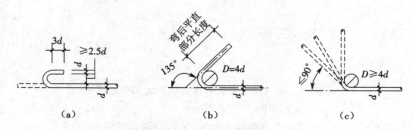

图 1-5 钢筋的弯钩和弯折
(a)弯钩;(b)135°弯折;(c)不大于 90°弯折

1.4 箍筋、拉筋弯钩构造

除焊接封闭环式箍筋外,箍筋的末端应做弯钩,弯钩形式应符合设计要求,当设计无具体要求时,应符合下列规定。如图 1-6 至图 1-8 所示。

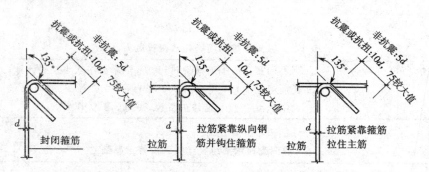

图 1-6 梁、柱箍筋和剪力墙拉筋弯钩构造

1) 箍筋弯钩的弯弧内直径应不小于受力钢筋直径,尚不应小于钢筋直径的 4 倍。

2) 箍筋弯钩的弯折角度为 135°。

3) 箍筋弯钩弯后平直部分长度:对一般结构,不宜小于箍筋直径的 5 倍;对有抗震、抗扭等要求的结构,不应小于箍筋直径的 10 倍和 75 mm 的较大值。螺旋箍筋弯钩弯后平直部分长度不宜小于箍筋直径的 10 倍。

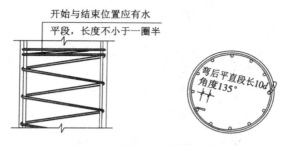

图 1-7　螺旋箍筋端部构造

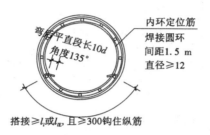

图 1-8　螺旋箍筋搭接构造

4）拉筋弯钩构造要求与箍筋相同。拉筋可采用直形和 S 形,如图 1-9 所示。

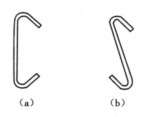

（a）　　　　（b）

图 1-9　拉筋的类型

（a）直形拉筋;（b）S 形拉筋

1.5　纵向钢筋绑扎搭接横截面钢筋排布

1）纵向钢筋绑扎搭接横截面钢筋排布有斜向搭接、内侧搭接和同层搭接三种方式,如图 1-10 至图 1-13 所示。

2）绑扎搭接时,搭接纵筋一般由搭接位置自然弯曲恢复至原位纵筋的纵向位置,如图 1-14（a）所示。而采用同层搭接的纵筋,当不影响其他钢筋绑扎排布时,可通长保持搭接的位置不变,但下次搭接时,应将再次搭接的纵筋恢复原位,如图 1-14（b）所示。

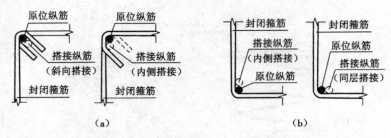

（a） （b）

图 1-10 封闭箍筋转角处钢筋搭接位置

（a）转角处有弯钩；（b）转角处无弯钩

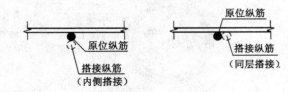

图 1-11 箍筋平直段处钢筋搭接位置

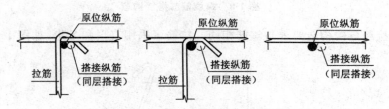

图 1-12 剪力墙分布钢筋处的钢筋搭接位置

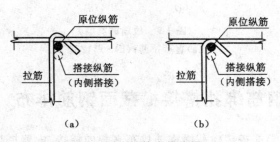

（a） （b）

图 1-13 拉筋弯钩位置

（a）同时拉主筋和箍筋；（b）只拉主筋

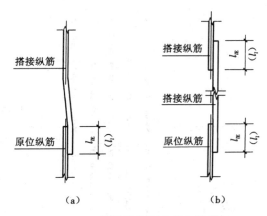

图 1-14 绑扎搭接钢筋纵向排布

(a)钢筋纵向排布一;(b)钢筋纵向排布二

1.6 筏形基础纵向钢筋的间距

筏形基础中纵向受力钢筋的间距(中心距)不宜小于 150 mm,宜为 200～300 mm。

当基础筏板厚度大于 2 m 时,宜在板厚度中间部位设置直径不小于 12 mm、间距不大于 300 mm 的双向钢筋网。

1.7 柱插筋在基础中的锚固

1)柱插筋应伸至基础底部并支在基础底部钢筋网片上,并在基础高度范围内设置间距不大于 500 mm 且不少于两道箍筋(图 1-15)。基础高度为柱插筋处的基础顶面至基础底面的距离。

2)当筏形或平板基础中部设置构造钢筋网片时,柱插筋可仅将柱的四角钢筋伸至筏板底部的钢筋网片上,其余钢筋在筏板内满足锚固长度 $l_{aE}(l_a)$(图 1-16)。

3)当柱位于筏板角部、边部时,部分插筋的保护层厚度不大于 $5d$ 的部位应设置横向箍筋,该箍筋可为非封闭箍筋(图 1-17、图 1-18);插筋位于筏形基础的基础梁非板中部分时,保护层厚度小于或等于 $5d$ 的部位应按筏板以上柱箍筋加密区且间距不大于 100 设置箍筋(非复合箍)(图 1-19、图 1-20)。

4)当筏形基础的基础梁下沉于筏板底部时,柱插筋应伸至基础梁底部,在下卧基础梁(不含筏板厚度)的范围内当柱插筋保护层厚度大于或等于 $5d$ 时应按柱箍筋非加密区设置非复合箍筋(图 1-21)。

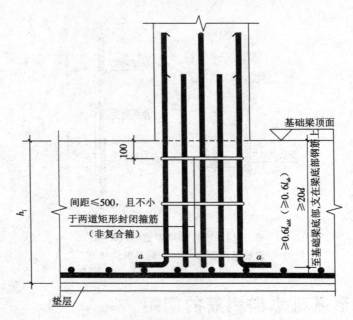

图 1-15　柱插筋在基础中的排布构造

注：① 图中基础可以是独立基础、条形基础、基础梁、筏板基础和桩基承台。
　　② 柱插筋的保护层厚度大于最大钢筋直径的 5 倍。
　　③ a 为锚固钢筋的弯折段长度，当基础插筋在基础内的直段长度 $\geqslant l_{aE}(l_a)$ 时，图中 $a=$
　　　 $6d$ 且 >150 mm，其他情况 $a=15d$。

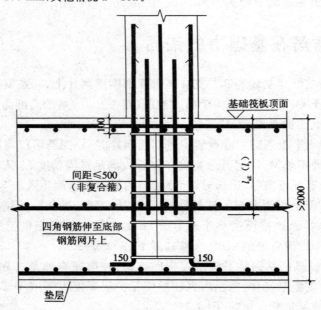

图 1-16　筏形基础有中间钢筋网时柱插筋排布构造

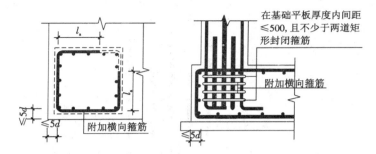

图 1-17　筏形基础转角处柱插筋附加横向箍筋的排布构造

注:附加箍筋也可以采用封闭箍筋。设计未注明时,可按本图施工。

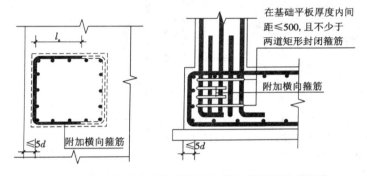

图 1-18　筏形基础边部柱插筋附加横向箍筋的排布构造

注:附加箍筋也可以采用封闭箍筋。设计未注明时,可按本图施工。

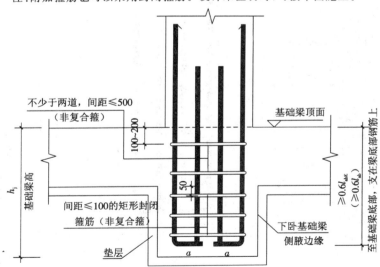

图 1-19　下卧基础梁中柱插筋的排布构造

注:a 为锚固钢筋的弯折段长度,当柱插筋在梁内的直段长度 $\geqslant l_{aE}(l_a)$ 时,图
　　中 $a=6d$ 且 >150 mm,其他情况 $a=15d$。

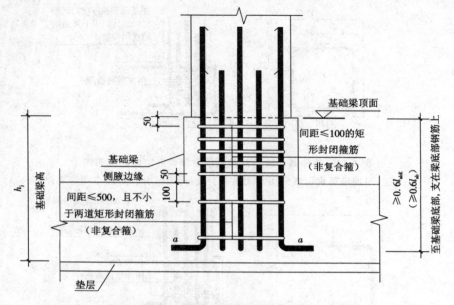

图 1-20 基础梁内柱插筋箍筋加密的排布构造

注:a 为锚固钢筋的弯折段长度,当柱插筋在梁内的直段长度$\geqslant l_{aE}(l_a)$时,图中 $a=6d$ 且 >150 mm,其他情况 $a=15d$。

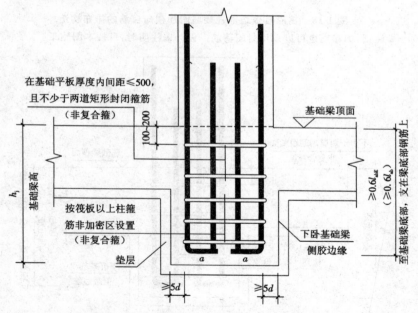

图 1-21 下卧基础梁中柱插筋的排布构造

注:a 为插筋弯折长度,当柱插筋在基础内的直段长度$\geqslant l_{aE}(l_a)$时,图中 $a=6d$ 且 >150 mm,其他情况 $a=15d$。

5）当柱为轴心受压或小偏心受压,独立基础、条形基础高度不小于1200 mm,或当柱为大偏心受压,独立基础、条形基础高度不小于 1400 mm 时,可将四角插筋和其他部分插筋伸至底板钢筋网片上(伸至钢筋网片上的柱插筋间距不应大于1000 mm),其他钢筋满足锚固长度 $l_{aE}(l_a)$ 即可(图 1-22)。

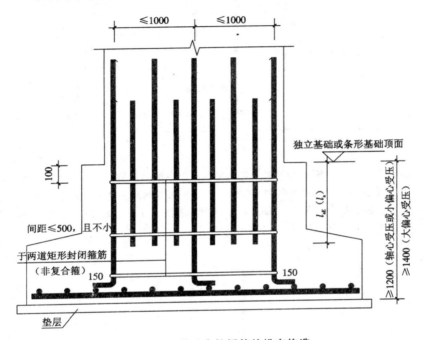

图 1-22 深基础内柱插筋的排布构造

1.8 墙插筋在基础中的锚固

1）墙插筋应伸至基础底部并支在基础底部钢筋网片上,并在基础高度范围内设置间距不大于 500 mm 且不少于两道水平分布钢筋与拉筋(图 1-23)。

2）当筏形或平板基础中板厚＞2000 时,墙的钢筋排布按图 1-24 要求施工。

3）当筏形基础的基础梁下沉于筏板底部时,墙插筋应伸至基础梁底部(图 1-25)。

4）当墙位于筏板边部时,部分插筋的保护层厚度小于或等于 $5d$ 的部位应设置横向附加水平钢筋(图 1-26);插筋位于筏形基础的基础梁非板中部分时,保护层厚度小于或等于 $5d$ 的部位应设置附加横向水平钢筋(图 1-27),该附加横向水平钢筋也可与梁的箍筋绑扎(构造及要求与梁的抗扭腰筋相同)。

5）当外侧墙插筋与基础底板纵向钢筋搭接时应满足图 1-28 的构造要求。

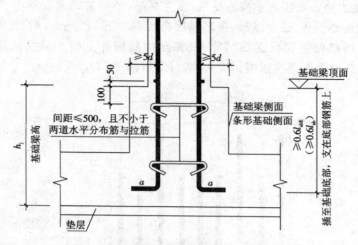

图 1-23 墙竖向钢筋在基础中的排布构造

注：① 图中基础可以是条形基础、基础梁、筏形平板基础和桩基承台梁；

② a 为插筋弯折长度，当柱插筋在基础内的直段长度 $\geq l_{aE}(l_a)$ 时，图中 $a=6d$ 且 >150 mm，其他情况 $a=15d$。

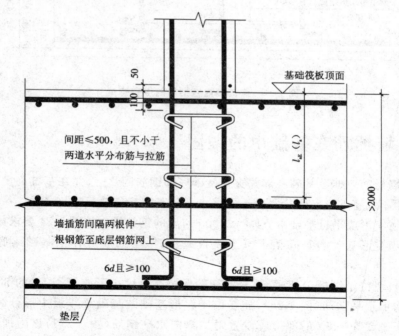

图 1-24 筏形基础有中间钢筋网时墙插筋排布构造

注：d 为墙插筋最大直径。

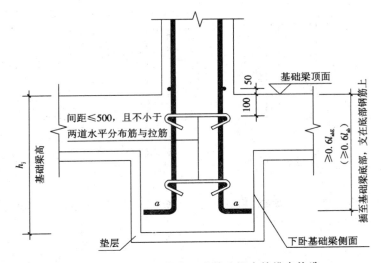

图 1-25 墙竖向钢筋在下卧基础梁中的排布构造

注:a 为插筋弯折长度,当墙插筋在基础内的直段长度≥l_{aE}(l_a)时,图中 a=6d 且>150 mm,其他情况 a=15d。

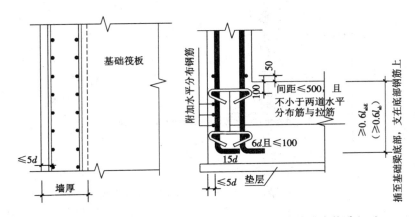

图 1-26 筏形基础边部墙插筋水平横向分布钢筋的排布构造(一)

注:d 为锚固钢筋的最大直径。

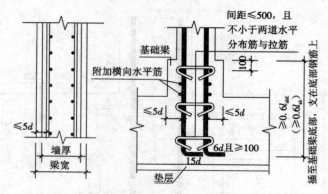

图 1-27　筏形基础边部墙插筋水平横向分布钢筋的排布构造(二)
注:d 为锚固钢筋的最大直径。

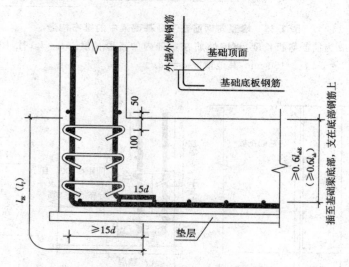

图 1-28　墙插筋与基础底板钢筋搭接锚固构造

1.9　基础梁横截面箍筋安装绑扎位置要求

1)内部复合箍筋应紧靠外封闭箍筋一侧绑扎。当有水平拉筋时,水平拉筋在外封闭箍筋的另一侧绑扎。

2)封闭箍筋弯钩可在四角的任意部位。

3)当设计箍筋肢数大于 6 时,偶数增加小套箍,奇数增加一单肢箍。

4)相邻两组复合箍筋平面及弯钩位置沿梁纵向对称排布。

5)梁两侧腰筋用拉筋联系,拉筋宜同时钩住腰筋和箍筋。拉筋间距为非加密区箍筋间距的2倍,且小于或等于600 mm。当梁侧向拉筋多于一排时,相邻上下排拉筋应错开设置(图1-30)。

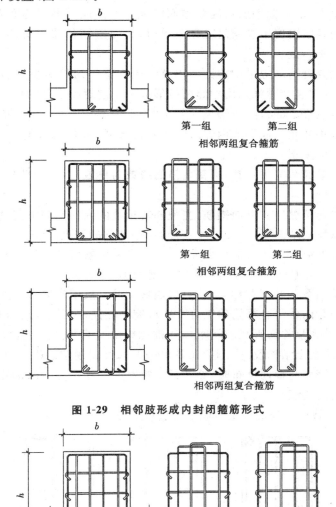

第一组　　　　第二组

相邻两组复合箍筋

第一组　　　　第二组

相邻两组复合箍筋

相邻两组复合箍筋

图1-29　相邻肢形成内封闭箍筋形式

第一组　　　　第二组

相邻两组复合箍筋

图1-30　非相邻肢形成内封闭箍筋形式

1.10　基础梁横截面纵向钢筋与箍筋排布构造

1)当梁箍筋为双肢箍时,基础梁上、下纵筋与箍筋的排布无关联,各自独立排布。当梁箍筋为复合箍时,基础梁上、下纵向钢筋与箍筋的排布相关联,钢筋排布应按以下规则综合考虑。

①基础梁上、下纵向钢筋与复合箍筋的复合方式应遵循对称布置原则。当同一组合内箍筋各肢位置不能满足对称要求时,相邻箍筋各肢的安装绑扎位置应沿梁纵向交错对称布置。

②基础梁复合箍筋应采用截面周边外封闭大箍加内封闭小箍的组合方式(大箍套小箍)。内部复合箍可采用相邻两肢形成一个内封闭小箍的形式;当梁箍筋肢数>6,相邻两肢形成的封闭小箍尺寸较小,施工中不易加工及安装绑扎时,内部复合箍也可以采用非相邻肢形成内部封闭小箍的形式(连环套),但沿外封闭箍筋周边箍筋重叠不应多于3个。

③复合箍筋肢数宜为双数,当复合箍筋肢数为单数时,与内部封闭箍并排设置一个单肢箍。

④梁箍筋转角处应有纵向钢筋,当箍筋转角处的纵向钢筋未能贯通全跨时,在跨中下部可以设立架立筋(架立筋的直径:当基础梁的跨度小于 4 m 时,不宜小于 8 mm;当跨度为 4～6 m 时,不宜小于 10 mm;当基础梁跨度大于 6 m 时,不宜小于 12 mm。架立筋与基础梁纵向钢筋搭接长度为 150 mm)。

⑤基础梁下部钢筋宜对称均匀布置,通长钢筋宜置于箍筋转角处。

⑥在同一跨内各组合箍筋的复合方式应完全相同。当同一跨内有多种形式的复合箍筋时,可调整箍筋直径和间距以达到相同的复合方式。调整后的直径和间距必须满足《混凝土结构设计规范》(GB 50010—2010)规定的构造要求。

⑦梁纵向钢筋与箍筋排布时,除考虑本跨钢筋的排布关联因素外,还应综合考虑相邻跨之间的关联影响。

2)节点区域内箍筋应按梁端箍筋设置(图 1-31)。

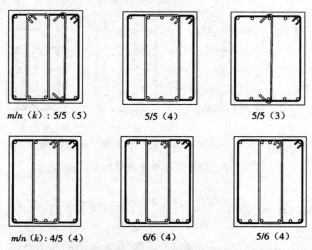

m/n (k): 5/5 (5)   5/5 (4)   5/5 (3)

m/n (k): 4/5 (4)   6/6 (4)   5/6 (4)

图 1-31 基础梁横截面纵向钢筋与箍筋排布构造

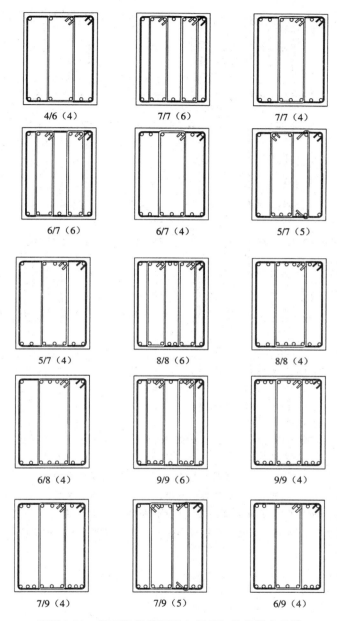

续图 1-31　基础梁横截面纵向钢筋与箍筋排布构造

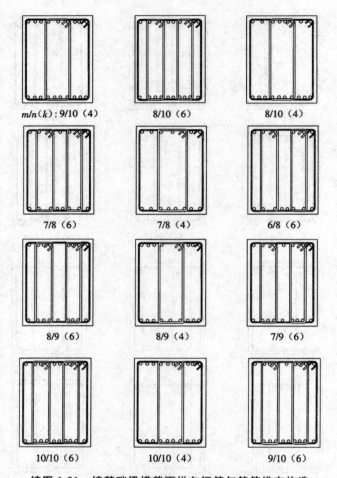

续图 1-31 续基础梁横截面纵向钢筋与箍筋排布构造

注:图中标注 $m/n(k)$ 中,m 为基础梁顶部第一排纵向钢筋的根数;n 为基础梁下部第
一排纵向钢筋的根数;k 为箍筋肢数(箍筋肢数应由设计确定)。图中均为 $m \leqslant n$
的排布方案。当 $m > n$ 时可根据排布规则将图中纵筋上下换位后应用。

2 独立基础精识快算

2.1 独立基础平法识图

2.1.1 平面注写方式

独立基础的平面注写方式是指直接在独立基础平面布置图上进行数据项的标注,可分为集中标注和原位标注两部分内容。

1. 集中标注

普通独立基础和杯口独立基础的集中标注,是指在基础平面图上集中引注:基础编号、截面竖向尺寸、配筋三项必注内容,以及基础底面标高(与基础底面基准标高不同时)和必要的文字注解两项选注内容。

(1)基础编号

各种独立基础编号,见表 2-1。

表 2-1 独立基础编号

类型	基础底板截面形状	代号	序号
普通独立基础	阶形	DJ_J	xx
	坡形	DJ_P	xx
杯口独立基础	阶形	BJ_J	xx
	坡形	BJ_P	xx

(2)截面竖向尺寸

1)普通独立基础(包括单柱独基和多柱独基)。

① 阶形截面。当基础为阶形截面时,注写方式为"$h_1/h_2/\cdots\cdots$",见图 2-1。

图 2-1 为三阶;当为更多阶时,各阶尺寸自下而上用"/"分隔顺写。

当基础为单阶时,其竖向尺寸仅为一个,且为基础总厚度,见图 2-2。

② 坡形截面。当基础为坡形截面时,注写方式为"h_1/h_2",见图 2-3。

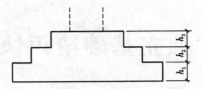

图 2-1　阶形截面普通独立基础竖向尺寸注写方式

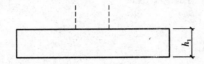

图 2-2　单阶普通独立基础竖向尺寸注写方式

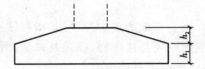

图 2-3　坡形截面普通独立基础竖向尺寸注写方式

2）杯口独立基础。

① 阶形截面。当基础为阶形截面时,其竖向尺寸分两组,一组表达杯口内,另一组表达杯口外,两组尺寸以",",分隔,注写方式为"a_0/a_1,$h_1/h_2/\cdots\cdots$",见图 2-4 至图 2-7,其中杯口深度 a_0 为柱插入杯口的尺寸加 50 mm。

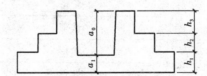

图 2-4　阶形截面杯口独立基础竖向尺寸注写方式(一)

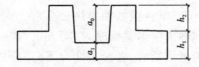

图 2-5　阶形截面杯口独立基础竖向尺寸注写方式(二)

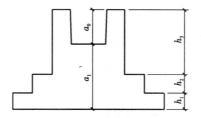

图 2-6　阶形截面高杯口独立基础竖向尺寸注写方式(一)

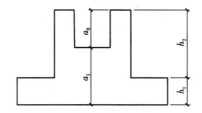

图 2-7　阶形截面高杯口独立基础竖向尺寸注写方式(二)

② 坡形截面。当基础为坡形截面时,注写方式为"a_0/a_1,$h_1/h_2/h_3/\cdots\cdots$",见图 2-8、图 2-9。

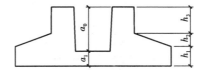

图 2-8　坡形截面杯口独立基础竖向尺寸注写方式

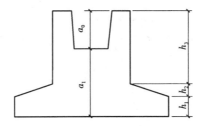

图 2-9　坡形截面高杯口独立基础竖向尺寸注写方式

(3) 配筋

1) 独立基础底板配筋。

普通独立基础(单柱独基)和杯口独立基础的底部双向配筋注写方式如下:

① 以 B 代表各种独立基础底板的底部配筋。

② X 向配筋以 X 打头、Y 向配筋以 Y 打头注写;当两向配筋相同时,则以

X&Y 打头注写。

【例 2-1】 当独立基础底板配筋标注为:B:X 查 16@150,Y 查 16@200,表示基础底板底部配置 HRB400 级钢筋,X 向直径为 16,分布间距 150;Y 向直径为 16,分布间距 200,见图 2-10。

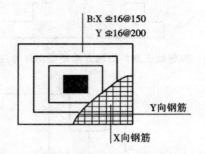

图 2-10　独立基础底部双向配筋注写方式

2) 杯口独立基础顶部焊接钢筋网。

杯口独立基础顶部焊接钢筋网注写方式为:以 Sn 打头引注杯口顶部焊接钢筋网的各边钢筋。

【例 2-2】 当杯口独立基础顶部钢筋网标注为:Sn:2 查 14,表示杯口顶部每边配置 2 根 HRB400 级直径为 14 的焊接钢筋网。见图 2-11。

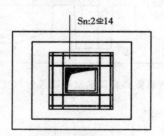

图 2-11　单杯口独立基础顶部钢筋网注写方式

【例 2-3】 当双杯口独立基础顶部钢筋网标注为:Sn:2 查 16,表示杯口每边和双杯口中间杯壁的顶部均配置 2 根 HRB400 级直径为 16 的焊接钢筋网。见图 2-12。

当双杯口独立基础中间杯壁厚度小于 400 mm 时,在中间杯壁中配置构造钢筋见相应标准构造详图,设计不注。

3) 高杯口独立基础侧壁外侧和短柱配筋。

高杯口独立基础侧壁外侧和短柱配筋注写方式为:

① 以 O 代表杯壁外侧和短柱配筋。

② 先注写杯壁外侧和短柱纵筋,再注写箍筋。注写方式为"角筋/长边中部

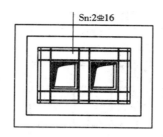

图 2-12 双杯口独立基础顶部钢筋网注写方式

注:高杯口独立基础应配置顶部钢筋网;非高杯口独立基础是
否配置,应根据具体工程情况确定。

筋/短边中部筋,箍筋(两种间距)";当杯壁水平截面为正方形时,注写方式为"角
筋/x 边中部筋/y 边中部筋,箍筋(两种间距,杯口范围内箍筋间距/短柱范围内箍
筋间距)"。

【例 2-4】 当高杯口独立基础的杯壁外侧和短柱配筋标注为:O:4 Φ 20/Φ 16
@220/Φ 16@200,ϕ 10 @150/300,表示高杯口独立基础的杯壁外侧和短柱配置
HRB400 级竖向钢筋和 HPB300 级箍筋。其竖向钢筋为:4 Φ 20 角筋,Φ 16 @220
长边中部筋和 Φ 16 @200 短边中部筋;其箍筋直径为 10;杯口范围间距 150,短柱
范围间距 300。见图 2-13。

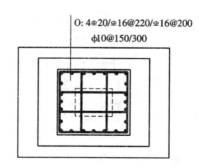

图 2-13 高杯口独立基础杯壁配筋注写方式

③ 双高杯口独立基础的杯壁外侧配筋。对于双高杯口独立基础的杯壁外侧
配筋,注写方式与单高杯口相同,施工区别在于杯壁外侧配筋为同时环住两个杯口
的外壁配筋。见图 2-14。

当双高杯口独立基础中间杯壁厚度小于 400 mm 时,在中间杯壁中配置构造
钢筋见相应标准构造详图,设计不注。

4)普通独立深基础短柱竖向尺寸及钢筋。

当独立基础埋深较大,设置短柱时,短柱配筋应注写在独立基础中。具体注写
方式如下:

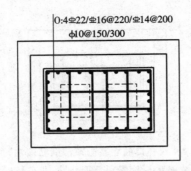

图 2-14 双高杯口独立基础杯壁配筋注写方式

① 以 DZ 代表普通独立深基础短柱。

② 先注写短柱纵筋,再注写箍筋,最后注写短柱标高范围。注写方式为"角筋/长边中部筋/短边中部筋,箍筋,短柱标高范围";当短柱水平截面为正方形时,注写方式为"角筋/x中部筋/y中部筋,箍筋,短柱标高范围"。

【例 2-5】 当短柱配筋标注为:DZ:4 Φ 20/5 Φ 18/5 Φ 18,ϕ 10 @100,$-2.500\sim-0.050$,表示独立基础的短柱设置在$-2.500\sim-0.050$高度范围内,配置 HRB400 级竖向钢筋和 HPB300 级箍筋。其竖向钢筋为:4 Φ 20 角筋、5 Φ 18x 边中部筋和 5 Φ 18y 边中部筋;其箍筋直径为 10,间距 100。见图 2-15。

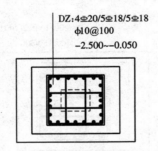

图 2-15 独立基础短柱配筋注写方式

5)多柱独立基础顶部配筋。

独立基础通常为单柱独立基础,也可为多柱独立基础(双柱或四柱等)。多柱独立基础的编号、几何尺寸和配筋的标注方法与单柱独立基础相同。

当为双柱独立基础时,通常仅配置基础底部钢筋;当柱距离较大时,除基础底部配筋外,尚需在两柱间配置顶部钢筋或配置基础梁;当为四柱独立基础时,通常可设置两道平行的基础梁,需要时可在两道基础梁之间配置基础顶部钢筋。

多柱独立基础的底板顶部配筋注写方式如下。

① 以 T 代表多柱独立基础的底板顶部配筋。注写格式为"双柱间纵向受力钢筋/分布钢筋"。当纵向受力钢筋在基础底板顶面非满布时,应注明其根数。

【**例 2-6**】 T:11 ⚑ 18@100/φ 10 @200,表示独立基础顶部配置纵向受力钢筋 HRB400 级,直径为 18,设置 11 根,间距 100;分布筋 HPB300 级,直径为 10,分布间距 200。见图 2-16。

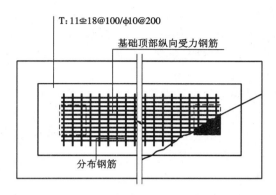

图 2-16 双柱独立基础底板顶部配筋注写方式

② 基础梁的注写规定与条形基础的基础梁注写方式相同,详见本书第 3 章的相关内容。

③ 双柱独立基础的底板配筋注写方式,可以按条形基础底板的注写方式(详见本书第 3 章的相关内容),也可以按独立基础底板的注写方式。

④ 配置两道基础梁的四柱独立基础底板顶部配筋注写方式。当四柱独立基础已设置两道平行的基础梁时,根据内力需要可在双梁之间及梁的长度范围内配置基础顶部钢筋,注写方式为"梁间受力钢筋/分布钢筋"。

【**例 2-7**】 T:⚑ 16@120/φ 10 @200,表示四柱独立基础顶部两道基础梁之间配置受力钢筋 HRB400 级,直径为 16,间距 120;分布筋 HPB300 级,直径为 10,分布间距 200。见图 2-17。

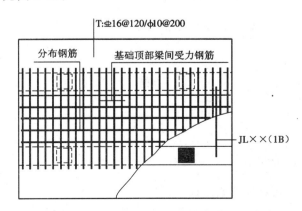

图 2-17 四柱独立基础底板顶部配筋注写方式

（4）底面标高

当独立基础的底面标高与基础底面基准标高不同时，应将独立基础底面标高直接注写在"（ ）"内。

（5）必要的文字注解

当独立基础的设计有特殊要求时，宜增加必要的文字注解。例如，基础底板配筋长度是否采用减短方式等，可在该项内注明。

2. 原位标注

钢筋混凝土和素混凝土独立基础的原位标注，是指在基础平面布置图上标注独立基础的平面尺寸。对相同编号的基础，可选择一个进行原位标注；当平面图形较小时，可将所选定进行原位标注的基础按比例适当放大；其他相同编号者仅注编号。下面按普通独立基础和杯口独立基础分别进行说明。

（1）普通独立基础

原位标注 x、y、x_c、y_c（或圆柱直径 d_c），x_i、y_i，$i=1、2、3\cdots\cdots$其中，x、y 为普通独立基础两向边长，x_c、y_c 为柱截面尺寸，x_i、y_i 为阶宽或坡形平面尺寸（当设置短柱时，尚应标注短柱的截面尺寸）。

1）阶形截面。

对称阶形截面普通独立基础原位标注识图，见图 2-18。

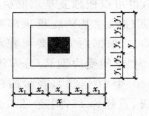

图 2-18 对称阶形截面普通独立基础原位标注

非对称阶形截面普通独立基础原位标注识图，见图 2-19。

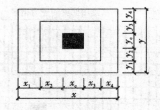

图 2-19 非对称阶形截面普通独立基础原位标注

设置短柱普通独立基础原位标注识图，见图 2-20。

2）坡形截面。

对称坡形普通独立基础原位标注识图，见图 2-21。

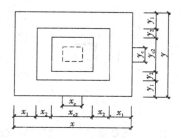

图 2-20 设置短柱普通独立基础原位标注

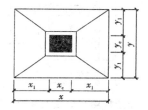

图 2-21 对称坡形截面普通独立基础原位标注

非对称坡形普通独立基础原位标注识图,见图 2-22。

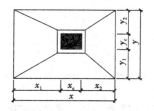

图 2-22 非对称坡形截面普通独立基础原位标注

（2）杯口独立基础

原位标注 x、y,x_u、y_u,t_i,x_i、y_i,$i=1、2、3\cdots\cdots$其中,x、y 为杯口独立基础两向边长,x_u、y_u 为柱截面尺寸,t_i 为杯壁厚度,x_i、y_i 为阶宽或坡形截面尺寸。

杯口上口尺寸 x_u、y_u,按柱截面边长两侧双向各加 75 mm;杯口下口尺寸按标准构造详图（为插入杯口的相应柱截面边长尺寸,每边各加 50 mm）,设计不注。

1）阶形截面。

阶形截面杯口独立基础原位标注识图,见图 2-23、图 2-24。

2）坡形截面。

坡形截面杯口独立基础原位标注识图,见图 2-25、图 2-26。

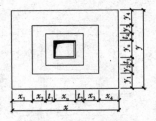

图 2-23　阶形截面杯口独立基础原位标注(一)

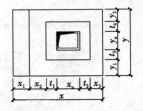

图 2-24　阶形截面杯口独立基础原位标注(二)

注:图中基础底板的一边比其他三边多一阶。

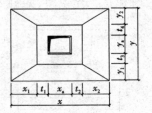

图 2-25　坡形截面杯口独立基础原位标注(一)

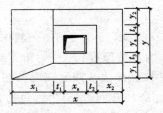

图 2-26　坡形截面杯口独立基础原位标注(二)

(图中基础底板有两边不放坡)

注:高杯口独立基础原位标注与杯口独立基础
　　完全相同。

3. 平面注写方式识图

(1)普通独立基础平面注写方式,如图 2-27 所示。

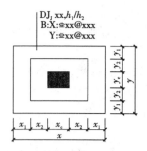

图 2-27 普通独立基础平面注写方式

（2）设置短柱独立基础平面注写方式，如图 2-28 所示。

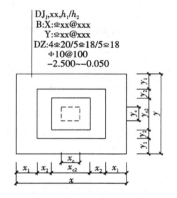

图 2-28 设置短柱独立基础平面注写方式

（3）杯口独立基础平面注写方式，如图 2-29 所示。

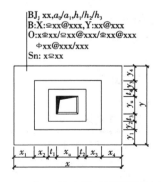

2-29 杯口独立基础平面注写方式

2.1.2 截面注写方式

独立基础的截面注写方式，可分为截面标注和列表注写（结合截面示意图）两种表达方式。

采用截面注写方式,应在基础平面布置图上对所有基础进行编号,见表2-1。

(1) 截面标注

截面标注适用于单个基础的标注,与传统"单构件正投影表示方法"基本相同。对于已在基础平面布置图上原位标注清楚的该基础的平面几何尺寸,在截面图上可不再重复表达,具体表达内容可参照《11G101-3》图集中相应的标准构造。

(2) 列表标注

列表标注主要适用于多个同类基础的标注的集中表达。表中内容为基础截面的几何数据和配筋等,在截面示意图上应标注与表中栏目相对应的代号。

1) 普通独立基础列表格式见表2-2。

表 2-2 普通独立基础几何尺寸和配筋表

基础编号/截面号	截面几何尺寸				底部配筋(B)	
	x、y	x_c、y_c	x_i、y_i	$h_1/h_2/\cdots\cdots$	X 向	Y 向

表中各项栏目含义:

① 编号。阶形截面编号为 DJ_Jxx,坡形截面编号为 DJ_Pxx。

② 几何尺寸。水平尺寸 x、y,x_c、y_c(或圆柱直径 d_c),x_i、y_i,$i=1$、2、3……竖向尺寸 $h_1/h_2/\cdots\cdots$

③ 配筋。B:X:Φ xx@xxx,Y:Φ xx@xxx。

注:表中可根据实际情况增加栏目。例如:当基础底面标高与基础底面基准标高不同时,加注基础底面标高;当为双柱独立基础时,加注基础顶部配筋或基础梁几何尺寸和配筋;当设置短柱时增加短柱尺寸及配筋等。

2) 杯口独立基础列表格式见表2-3。

表 2-3 杯口独立基础几何尺寸和配筋表

基础编号/截面号	截面几何尺寸				底部配筋(B)		杯口顶部钢筋网(Sn)	杯壁外侧配筋(O)	
	x、y	x_c、y_c	x_i、y_i	a_0、a_1,$h_1/h_2/$ $h_3\cdots\cdots$	X 向	Y 向		角筋/长边中部筋/短边中部筋	杯口箍筋/短柱箍筋

表中各项栏目含义：

① 编号。阶形截面编号为 BJ_Jxx,坡形截面编号为 BJ_Pxx。

② 几何尺寸。水平尺寸 x、y、x_u、y_u、t_i、x_i、y_i,$i=1,2,3$……竖向尺寸 a_0、a_1,$h_1/h_2/h_3$……

③ 配筋。B：X：Ⴔ xx@xxx,Y：Ⴔ xx@xxx,Snx Ⴔ xx。

O：x Ⴔ xx/Ⴔ xx@xxx/Ⴔ xx@xxx,Ⴔ xx@xxx/xxx。

注：表中可根据实际情况增加栏目。如当基础底面标高与基础底面基准标高不同时,加注基础底面标高,或增加说明栏目等。

2.2 独立基础钢筋识图

2.2.1 独立基础 DJ_J、DJ_P、BJ_J、BJ_P 底板钢筋排布构造

独立基础 DJ_J、DJ_P、BJ_J、BJ_P 底板钢筋排布构造如图 2-30 所示。

其构造要点概括如下：

1) 本图适用于普通独立基础和杯口基础,基础的截面形式为阶梯形截面 DJ_J、BJ_J 或坡形截面 DJ_P、BJ_P。

2) 独立基础底部双向交叉钢筋长向设置在下,短向设置在上。

2.2.2 双柱普通独立基础底部与顶部钢筋排布构造

双柱普通独立基础底部与顶部钢筋排布构造如图 2-31 所示。

其构造要点概括如下：

1) 双柱普通独立基础底板的截面形状可为阶梯形截面 DJ_J 或坡形截面 DJ_P。

2) 几何尺寸及配筋按具体结构设计和相关的构造规定。

3) 双柱普通独立基础底部双向交叉钢筋,根据基础两个方向从柱外缘至基础外缘的延伸长度 ex 和 ex' 的大小,较大者方向的钢筋设置在下,较小者方向的钢筋设置在上。

4) 当矩形双柱普通独立基础的顶部设置纵向受力钢筋时,分布钢筋宜设置在受力纵向钢筋之下。

2.2.3 设置基础梁的双柱普通独立基础钢筋排布构造

设置基础梁的双柱普通独立基础钢筋排布构造如图 2-32 所示。

其构造要点概括如下：

1) 双柱普通独立基础底板的截面形状可为阶梯形截面 DJ_J 或坡形截面 DJ_P。

2) 双柱独立基础底部短向受力钢筋设置在基础梁纵筋之下,与基础梁箍筋的下水平段位于同一层面。

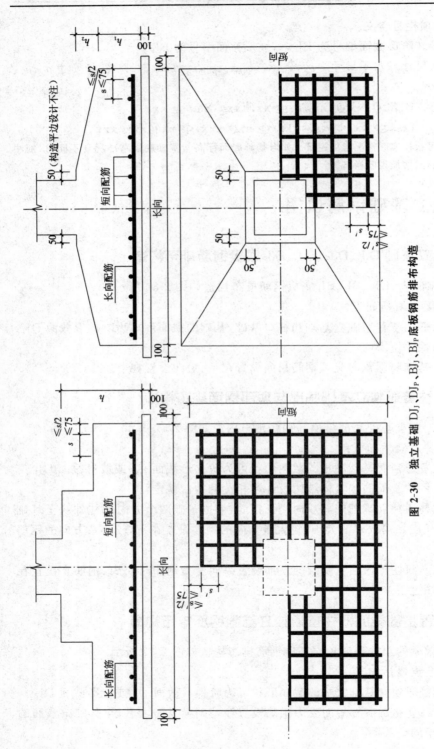

图 2-30 独立基础 DJ$_J$、DJ$_P$、BJ$_J$、BJ$_P$底板板钢筋排布构造

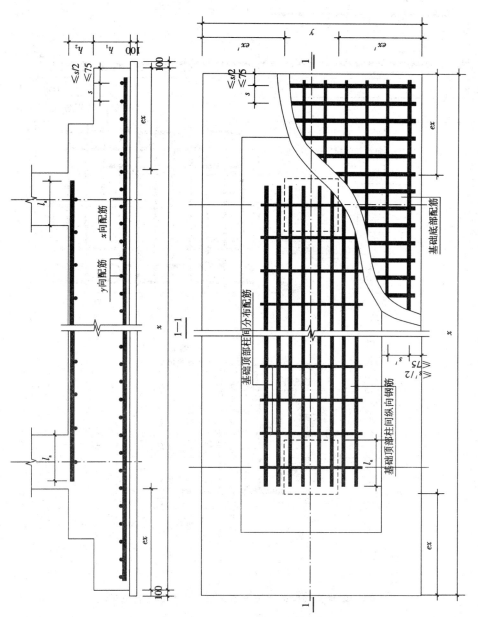

图 2-31　双柱普通独立基础底部与顶部钢筋排布构造

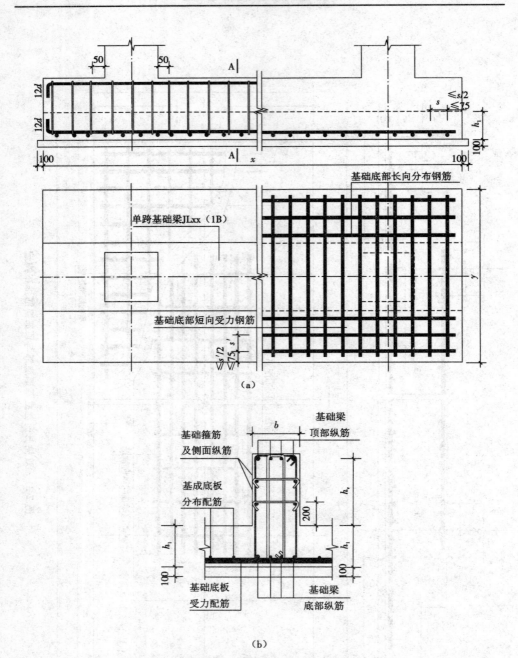

图 2-32 设置基础梁的双柱普通独立基础钢筋排布构造

(a)钢筋排布构造;(b)A—A 剖面图

3) 双柱基础梁所设置的基础梁宽度宜比柱宽大于或等于 100 mm(每边大于或等于 50 mm)。当具体设计的基础梁宽度小于柱宽时,应增设梁包柱侧腋。

2.2.4 独立基础底板配筋长度减短 10％的钢筋排布构造

1.对称独立基础底板配筋长度减短 10％的钢筋排布构造

对称独立基础底板配筋长度减短 10％的钢筋排布构造如图 2-33 所示。

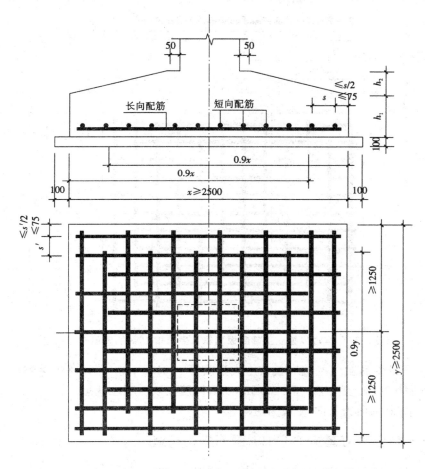

图 2-33 对称独立基础底板配筋长度减短 10％的钢筋排布构造

其构造要点概括如下：

1）当对称独立基础底板长度大于或等于 2500 mm 时,除外侧钢筋外,底板配筋长度可减短 10％,缩短后的钢筋必须伸过阶形基础的第一台阶。

2）图中 x 向为长向,y 向为短向。

2.非对称独立基础底板配筋长度减短 10％的钢筋排布构造

非对称独立基础底板配筋长度减短 10％的钢筋排布构造如图 2-34 所示。

其构造要点概括如下：

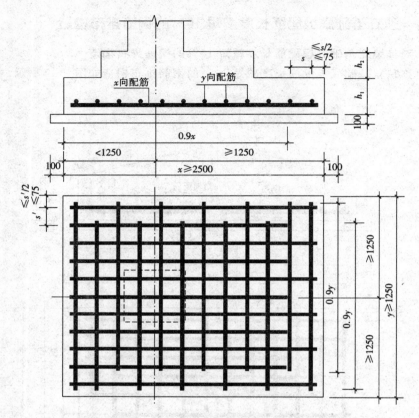

图 2-34 非对称独立基础底板配筋长度减短 10％的钢筋排布构造

1）当非对称独立基础底板长度大于或等于 2500 mm,但该基础某侧从柱中心至基础底板边缘的距离小于 1250 mm 时,钢筋在该侧不应减短。

2）图中 x 向为长向,y 向为短向。

2.2.5 杯口独立基础 BJ$_J$、BJ$_P$ 钢筋排布构造

杯口独立基础 BJ$_J$、BJ$_P$ 钢筋排布构造如图 2-35 所示。

其构造要点概括如下:

1）杯口独立基础底板的截面形状可以为阶形截面 BJ$_J$ 或坡形截面 BJ$_P$。当为坡形截面且坡度较大时,应在坡面上安装顶部模板,以确保混凝土能够浇筑成型、振捣密实。

2）当杯口独立基础底板短柱以外一侧的长度大于或等于 1250 mm 时,除外侧钢筋外,底板配筋长度可按减短 10％配置。

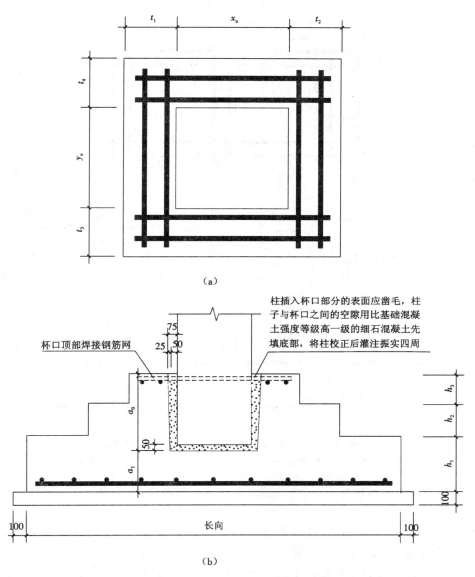

图 2-35 杯口独立基础 BJ_J、BJ_P 钢筋排布构造

(a)杯口顶部焊接钢筋网片;(b)杯口独立基础钢筋排布构造

2.2.6 双杯口独立基础 BJ_J、BJ_P 钢筋排布构造

双杯口独立基础 BJ_J、BJ_P 钢筋排布构造如图 2-36 所示。

其构造要点概括如下:

1)双杯口独立基础底板的截面形状可以为阶形截面 BJ_J 或坡形截面 BJ_P。当

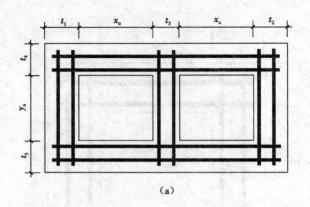

（a）

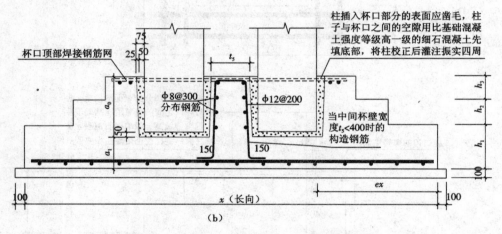

（b）

图 2-36 双杯口独立基础 BJ_J、BJ_P钢筋排布构造

（a）双杯口顶部焊接钢筋网片；（b）双杯口独立基础钢筋排布构造

为坡形截面而且坡度较大时，应在坡面上安装顶部模板，以确保混凝土能够浇筑成型、振捣密实。

2）当双杯口基础短柱外一侧的底板尺寸大于或等于 1250 mm 时，除外侧钢筋外，底板配筋的配筋长度可按减短 10％配置，详见 2.2.4 节。

3）当双杯口独立基础的中间杯壁宽度 t_5 小于 400 mm 时，才设置本图中的构造钢筋。

2.2.7 高杯口独立基础 BJ_J、BJ_P 钢筋排布构造

高杯口独立基础 BJ_J、BJ_P 钢筋排布构造如图 2-37 所示。

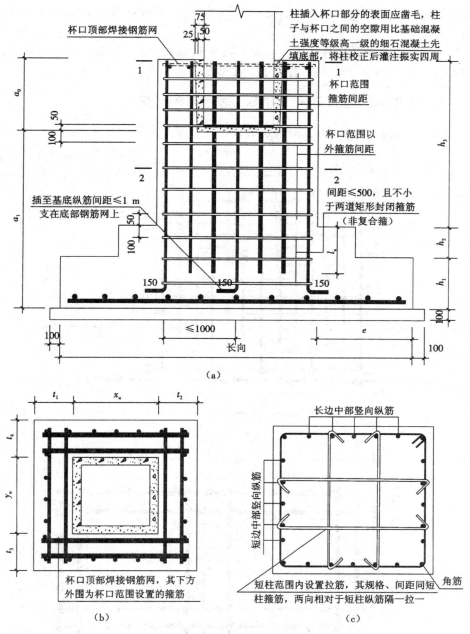

图 2-37 高杯口独立基础 BJ_J、BJ_P钢筋排布构造

(a)高杯口独立基础钢筋排布构造;(b)1—1剖面图;

(c)2—2剖面图

其构造要点概括如下:

1) 杯口独立基础底板的截面形状可以为阶形截面 BJ_J 或坡形截面 BJ_P。当为坡形截面且坡度较大时,应在坡面上安装顶部模板,以确保混凝土能够浇筑成型、振捣密实。

2)当杯口基础的短柱外尺寸 e 大于或等于 1250 mm 时,除外侧钢筋外,底板配筋长度可按减短 10%配置,详见 2.2.4 节的图示。

2.2.8　高双杯口独立基础 BJ_J、BJ_P 钢筋排布构造

高双杯口独立基础 BJ_J、BJ_P 钢筋排布构造如图 2-38 所示。

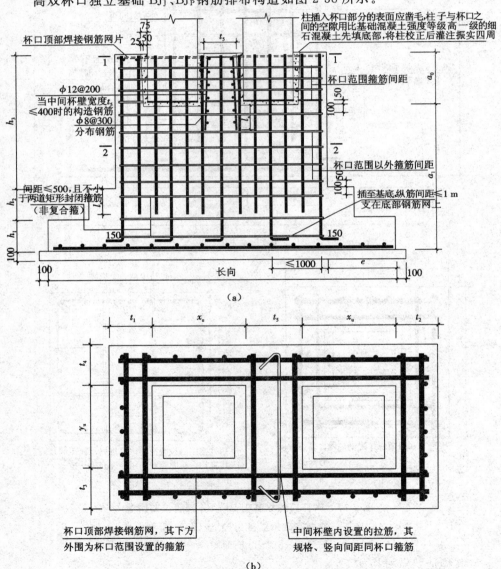

（a）

（b）

图 2-38　高双杯口独立基础 BJ_J、BJ_P 钢筋排布构造

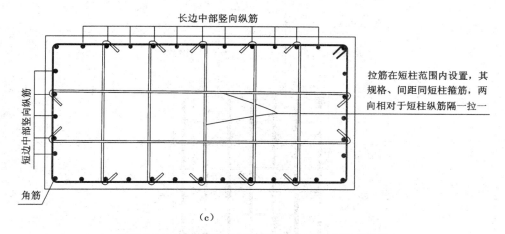

（c）

续图 2-38　高双杯口独立基础 BJ$_J$、BJ$_P$钢筋排布构造

（a）高双杯口独立基础钢筋排布构造；（b）1—1 剖面图；（c）2—2 剖面图

其构造要点概括如下：

1）高杯口双柱独立基础底板的截面形状可以为阶形截面 BJ$_J$ 或坡形截面 BJ$_P$。当为坡形截面且坡度较大时，应在坡面上安装顶部模板，以确保混凝土能够浇筑成型、振捣密实。

2）当高杯口基础短柱边以外尺寸 e 大于或等于 1250 mm 时，除外侧钢筋外，底板配筋长度可按减短 10％配置。

3）当双杯口的中间壁宽度 t_5 小于 400 mm 时，才设置中间杯壁构造钢筋。

2.2.9　单柱普通独立深基础短柱钢筋排布构造

单柱普通独立深基础短柱钢筋排布构造如图 2-39 所示。

其构造要点概括如下：

1）单柱独立深基础底板的截面形状可以为阶形截面 BJJ 或坡形截面 BJP。当为坡形截面且坡度较大时，应在坡面上安装顶部模板，以确保混凝土能够浇筑成型、振捣密实。

2）当深基础短柱边以外的尺寸 e 大于或等于 1250 mm 时，除外侧钢筋外，底板配筋长度可按减短 10％配置，详见 2.2.4 节的图示和规定。

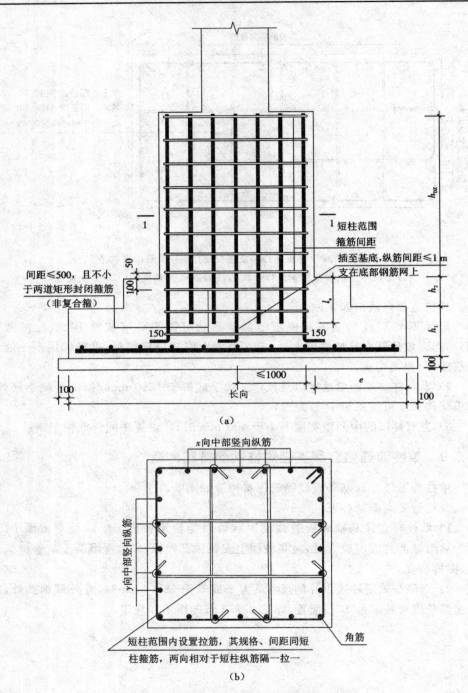

间距≤500,且不小
于两道矩形封闭箍筋
（非复合箍）

短柱范围
箍筋间距
插至基底,纵筋间距≤1 m
支在底部钢筋网上

h_{nz}

h_2

h_1

l_a

50

100

150   150

100

≤1000 e

长向

100   100

（a）

x向中部竖向纵筋

y向中部竖向纵筋

角筋

短柱范围内设置拉筋,其规格、间距同短
柱箍筋,两向相对于短柱纵筋隔一拉一

（b）

图 2-39 单柱普通独立深基础短柱钢筋排布构造

(a)单柱独立深基础钢筋排布构造;(b)1—1 剖面图

2.2.10 双柱普通独立深基础短柱钢筋排布构造

双柱普通独立深基础短柱钢筋排布构造如图 2-40 所示。

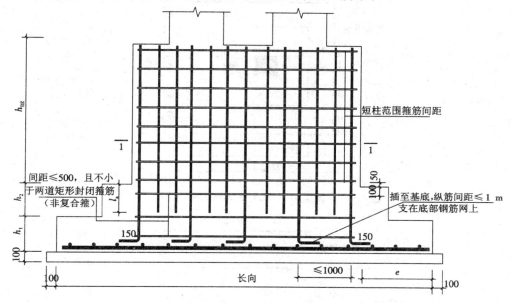

图 2-40 双柱普通独立深基础短柱钢筋排布构造

其构造要点概括如下:

1) 双柱独立深基础底板的截面形状可以为阶形截面 BJ_J 或坡形截面 BJ_P。当为坡形截面且坡度较大时,应在坡面上安装顶部模板,以确保混凝土能够浇筑成型、振捣密实。

2) 当独立基础的短柱外尺寸 e 大于或等于 1250 mm 时,除外侧钢筋外,底部配筋长度可按减短 10% 配置,详见 2.2.4 节的图示和规定。

2.3 独立基础钢筋快算

【例 2-8】 DJ_p1 平法施工图如图 2-41 所示,其剖面示意图如图 2-42 所示。求 DJ_p1 的 X 向、Y 向钢筋。

【解】

(1) X 向钢筋

1) 长度 $= x - 2c = 2700 - 2 \times 40 = 2620 \text{(mm)}$

2) 根数 $= [y - 2 \times \min(75, s'/2)]/s' + 1$

$\qquad = (2700 - 2 \times 75)/220 + 1$

$\qquad = 13 \text{(根)}$

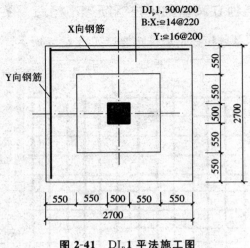

图 2-41　DJ_p1 平法施工图

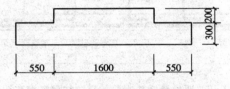

图 2-42　DJ_p1 剖面示意图

（2）Y 向钢筋

1）长度＝$y-2c$

$\qquad$ ＝$2700-2\times40$

$\qquad$ ＝$2620(mm)$

2）根数＝$[x-2\times\min(75,s/2)]/s+1$

$\qquad$ ＝$(2700-2\times75)/200+1$

$\qquad$ ＝14（根）

【例 2-9】　DJ_p4 平法施工图如图 2-43 所示，混凝土强度为 C30。其钢筋示意图如图 2-44 所示。求 DJ_p4 的顶部钢筋及分布筋。

【解】

（1）顶部钢筋根数＝9 根

（2）顶部钢筋长度＝柱内侧边起算＋两端锚固 l_a

$\qquad$ ＝$150+2\times41d$

$\qquad$ ＝$150+2\times41\times12$

$\qquad$ ＝$1134(mm)$

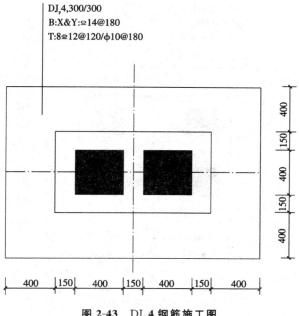

DJ_p4,300/300
B:X&Y:⊈14@180
T:8⊈12@120/ϕ10@180

图 2-43 DJ_p4 钢筋施工图

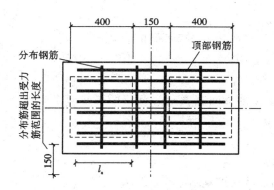

图 2-44 DJ_p4 钢筋示意图

（3）分布筋长度＝纵向受力筋布置范围长度＋两端超出受力筋外的长度（取构造长度 150 mm）

$$＝(400＋2×150)＋2×150$$

$$＝1000(mm)$$

（4）分布筋根数＝(1134－2×120)/180＋1＝6(根)

【例 2-10】 DJ_p5 平法施工图如图 2-45 所示。求 DJ_p5 的纵向受力筋及横向分布筋。

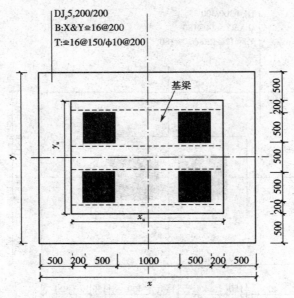

图 2-45　DJ$_p$5 平法施工图

【解】

（1）纵向受力筋

1）长度＝基础顶部宽度 y_u－2×保护层 c

$\quad$＝1900－2×40

$\quad$＝1820（mm）

2）根数＝（基础顶部横向宽度 z_u－起步距离）/间距＋1

$\quad$＝（2400－75）/150＋1

$\quad$＝17（根）

（2）横向分布筋

1）长度＝基础顶部宽度 z_u－2×保护层 c

$\quad$＝2400－2×40

$\quad$＝2320（mm）

2）根数＝（基础顶部横向宽度 y_u－起步距离）/间距＋1

$\quad$＝（1900－75）/150＋1

$\quad$＝14（根）

【例 2-11】　DJ$_p$2 平法施工图如图 2-46 所示，其钢筋示意图如图 2-47 所示。求 DJ$_p$2 的 X 向、Y 向钢筋。

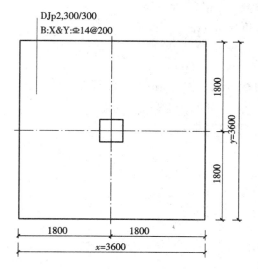

图 2-46 DJ_p2 平法施工图

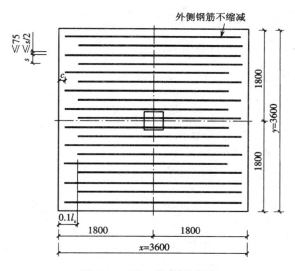

图 2-47 DJ_p2 钢筋示意图

【解】

DJ$_p$2 为正方形，X 向钢筋与 Y 向钢筋完全相同，本例中以 X 向钢筋为例进行计算。

（1）外侧钢筋长度$=x-2c$

$$=3600-2\times40$$

$$=3520(\text{mm})$$

    (2) 外侧钢筋根数＝2 根（一侧一根）

    (3) 其余钢筋长度＝0.9x

                 ＝0.9×3600

                 ＝3240(mm)

    (4) 其余钢筋根数＝$[y-2×\min(75,s/2)]/s-1$

                 ＝(3600-2×75)/200-1

                 ＝17(根)

3　条形基础精识快算

3.1　条形基础平法识图

条形基础一般位于砖墙或混凝土墙下,用以支撑墙体构件。

条形基础整体上可分为两类:

(1)梁板式条形基础

该类条形基础适用于钢筋混凝土框架结构、框架－剪力墙结构、部分框支剪力墙结构和钢结构。平法施工图将梁板式条形基础分解为基础梁和条形基础底板分别进行表达。

(2)板式条形基础

该类条形基础适用于钢筋混凝土剪力墙结构和砌体结构。平法施工图仅表达条形基础底板。

条形基础平法施工图,可用平面注写和截面注写两种方式表达。设计者可根据具体工程情况选择一种,或两种方式相结合进行条形基础的施工图设计。一般的施工图都采用平面注写的方式,因此我们着重介绍平面注写方式。

3.1.1　条形基础基础梁平法识图

3.1.1.1　平面注写方式

基础梁的平面注写方式分为集中标注和原位标注两部分内容。

1.集中标注

基础梁的集中标注内容包括基础梁编号、截面尺寸、配筋三项必注内容,以及基础梁底面标高(与基础底面基准标高不同时)和必要的文字注解两项选注内容。

(1)基础梁编号

基础梁编号,见表 3-1。

表 3-1　基础梁编号

类型	代号	序号	跨数及有无外伸
基础梁	JL	xx	(xx)端部无外伸 (xxA)一端有外伸 (xxB)两端有外伸

（2）截面尺寸

基础梁截面尺寸注写方式为"$b×h$"，表示梁截面宽度与高度。当为加腋梁时，注写方式为"$b×h$ $Yc_1×c_2$"，其中 c_1 为腋长，c_2 为腋高。

（3）配筋

1）基础梁箍筋。

① 当具体设计仅采用一种箍筋间距时，注写钢筋级别、直径、间距与肢数（箍筋肢数写在括号内，下同）。

② 当具体设计采用两种箍筋时，用"/"分隔不同箍筋，按照从基础梁两端向跨中的顺序注写。先注写第1段箍筋（在前面加注箍筋道数），在斜线后再注写第2段箍筋（不再加注箍筋道数）。

2）注写基础梁底部、顶部及侧面纵向钢筋。

① 以 B 打头，注写梁底部贯通纵筋（不应少于梁底部受力钢筋总截面面积的1/3）。当跨中所注根数少于箍筋肢数时，需要在跨中增设梁底部架立筋以固定箍筋，采用"＋"将贯通纵筋与架立筋相联，架立筋注写在加号后面的括号内。

② 以 T 打头，注写梁顶部贯通纵筋。注写时用分号"；"将底部与顶部贯通纵筋分隔开，如有个别跨与其不同者按原位注写的规定处理。

③ 当梁底部或顶部贯通纵筋多于一排时，用"/"将各排纵筋自上而下分开。

【例 3-1】 B：4 ⏚ 25；T：12 ⏚ 25 7/5，表示梁底部配置贯通纵筋为 4 ⏚ 25；梁顶部配置贯通纵筋上一排为 7 ⏚ 25，下一排为 5 ⏚ 25，共 12 ⏚ 25。

注：a. 基础梁的底部贯通纵筋，可在跨中 1/3 净跨长度范围内采用搭接连接、机械连接或焊接。

b. 基础梁的顶部贯通纵筋，可在距柱根 1/4 净跨长度范围内采用搭接连接，或在柱根附近采用机械连接或焊接，且应严格控制接头百分率。

④ 以大写字母 G 打头注写梁两侧面对称设置的纵向构造钢筋的总配筋值（当梁腹板净高 h_w 不小于 450 mm 时，根据需要配置）。

【例 3-2】 G8 ⏚ 14，表示梁每个侧面配置纵向构造钢筋 4 ⏚ 14，共配置 8 ⏚ 14。

（4）注写基础梁底面标高（选注内容）

当条形基础的底面标高与基础底面基准标高不同时，将条形基础底面标高注写在"（ ）"内。

（5）必要的文字注解（选注内容）

当基础梁的设计有特殊要求时，宜增加必要的文字注解。

2. 原位标注

基础梁 JL 的原位标注注写方式如下。

（1）原位标注基础梁端或梁在柱下区域的底部全部纵筋（包括底部非贯通纵筋和已集中注写的底部贯通纵筋）

1) 当梁端或梁在柱下区域的底部纵筋多于一排时,用"/"将各排纵筋自上而下分开。

2) 当同排纵筋有两种直径时,用"+"将两种直径的纵筋相联。

3) 当梁中间支座或梁在柱下区域两边的底部纵筋配置不同时,需在支座两边分别标注;当梁中间支座两边的底部纵筋相同时,可仅在支座的一边标注。

4) 当梁端(柱下)区域的底部全部纵筋与集中注写过的底部贯通纵筋相同时,可不再重复做原位标注。

(2) 原位注写基础梁的附加箍筋或(反扣)吊筋

当两向基础梁十字交叉,但交叉位置无柱时,应根据抗力需要设置附加箍筋或(反扣)吊筋。

将附加箍筋或(反扣)吊筋直接画在平面图十字交叉梁中刚度较大的条形基础主梁上,原位直接引注总配筋值(附加箍筋的肢数注在括号内)。当多数附加箍筋或(反扣)吊筋相同时,可在条形基础平法施工图上统一注明。少数与统一注明值不同时,再原位直接引注。

(3) 原位注写基础梁外伸部位的变截面高度尺寸

当基础梁外伸部位采用变截面高度时,在该部位原位注写 $b \times h_1/h_2$,h_1 为根部截面高度,h_2 为尽端截面高度。

(4) 原位注写修正内容

当在基础梁上集中标注的某项内容(如截面尺寸、箍筋、底部与顶部贯通纵筋或架立筋、梁侧面纵向构造钢筋、梁底面标高等)不适用于某跨或某外伸部位时,将其修正内容原位标注在该跨或该外伸部位,施工时原位标注取值优先。

当在多跨基础梁的集中标注中已注明加腋,而该梁某跨根部不需要加腋时,则应在该跨原位标注无 $Yc_1 \times c_2$ 的 $b \times h_1$ 以修正集中标注中的加腋要求。

3.1.1.2 截面注写方式

条形基础基础梁的截面注写方式,可分为截面标注和列表注写(结合截面示意图)两种表达方式。

采用截面注写方式,应在基础平面布置图上对所有基础进行编号,见表3-1。

1. 截面标注

条形基础基础梁的截面标注的内容与形式,与传统"单构件正投影表示方法"基本相同。对于已在基础平面布置图上原位标注清楚的该条形基础梁的水平尺寸,可不在截面图上重复表达,具体表达内容可参照《11G101-3》图集中相应的标准构造。

2. 列表标注

列表标注主要适用于多个条形基础的集中表达。表中内容为条形基础截面的几何数据和配筋,截面示意图上应标注与表中栏目相对应的代号。

条形基础梁列表格式见表3-2。

表 3-2　条形基础梁几何尺寸和配筋表

基础梁编号/截面号	截面几何尺寸		配筋	
	$b \times h$	加腋 $c_1 \times c_2$	底部贯通纵筋＋非贯通纵筋,顶部贯通纵筋	第一种箍筋/第二种箍筋

表中各项栏目含义:

(1) 编号

注写 JLxx(xx)、JLxx(xxA) 或 JLxx(xxB)。

(2) 几何尺寸

梁截面宽度与高度 $b \times h$。当为加腋梁时,注写 $b \times h$ Y$c_1 \times c_2$。

(3) 配筋

注写基础梁底部贯通纵筋＋非贯通纵筋,顶部贯通纵筋,箍筋。当设计为两种箍筋时,箍筋注写为:第一种箍筋/第二种箍筋,第一种箍筋为梁端部箍筋,注写内容包括箍筋的箍数、钢筋级别、直径、间距与肢数。

注:表中可根据实际情况增加栏目,如增加基础梁底面标高等。

3.1.2　条形基础底板平法识图

3.1.2.1　平面注写方式

条形基础底板的平面注写方式分为集中标注和原位标注两部分内容。

1. 集中标注

条形基础底板的集中标注内容包括条形基础底板编号、截面竖向尺寸、配筋三项必注内容,以及条形基础底板底面标高(与基础底面基准标高不同时)和必要的文字注解两项选注内容。

(1) 条形基础底板编号

条形基础底板编号,见表 3-3。

表 3-3　条形基础底板编号

类型		代号	序号	跨数及有无外伸
条形基础底板	阶形	TJB$_P$	xx	(xx)端部无外伸
	坡形	TJB$_J$	xx	(xxA)一端有外伸 (xxB)两端有外伸

(2) 截面竖向尺寸

1) 坡形截面的条形基础底板,注写方式为"h_1/h_2",见图 3-1。

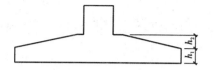

图 3-1 条形基础底板坡形截面竖向尺寸

【**例 3-3**】 当条形基础底板为坡形截面 $TJB_P xx$，其截面竖向尺寸注写为 300/250 时，表示 $h_1 = 200$ mm，$h_2 = 250$ mm，基础底板根部总厚度为 550 mm。

2）阶形截面的条形基础底板，注写方式为"$h_1/h_2/\cdots\cdots$"，见图 3-2。

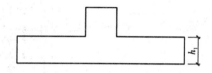

图 3-2 条形基础底板阶形截面竖向尺寸

图 3-2 为单阶，当为多阶时各阶尺寸自下而上以"/"分隔顺写。

（3）条形基础底板底部及顶部配筋

1）以 B 打头，注写条形基础底板底部的横向受力钢筋。

【**例 3-4**】 当条形基础底板配筋标注为：B:Φ14@150/φ8@250，表示条形基础底板底部配置 HRB400 级横向受力钢筋，直径为 14，分布间距 150；配置 HPB300 级构造钢筋，直径为 8，分布间距 250。见图 3-3。

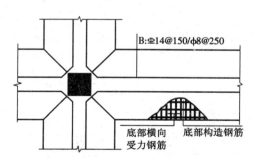

图 3-3 条形基础底板底部配筋

2）以 T 打头，注写条形基础底板顶部的横向受力钢筋；注写时，用"/"分隔条形基础底板的横向受力钢筋与构造配筋。

【**例 3-5**】 当为双梁（或双墙）条形基础底板时，除在底板底部配置钢筋外，一般尚需在两根梁或两道墙之间的底板顶部配置钢筋，其中横向受力钢筋的锚固从梁的内边缘（或墙边缘）起算，见图 3-4。

（4）底板底面标高

当条形基础底板的底面标高与条形基础底面基准标高不同时，应将条形基础底板底面标高注写在"（　）"内。

（5）必要的文字注解

当条形基础底板有特殊要求时，应增加必要的文字注解。

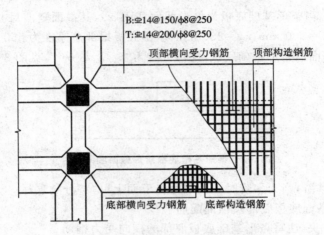

B:Φ14@150/ϕ8@250
T:Φ14@200/ϕ8@250

顶部横向受力钢筋　　　顶部构造钢筋

底部横向受力钢筋　　　底部构造钢筋

图 3-4　条形基础底板顶部配筋

2.原位注写

（1）平面尺寸

原位标注方式为 b、b_i，$i=1$、2、……其中，b 为基础底板总宽度，如为基础底板台阶的宽度。当基础底板采用对称于基础梁的坡形截面或单阶形截面时，b_i 可不注，见图 3-5。

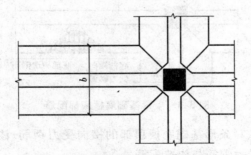

图 3-5　条形基础底板平面尺寸原位标注

对于相同编号的条形基础底板，可仅选择一个进行标注。

梁板式条形基础存在双梁共用同一基础底板、墙下条形基础也存在双墙共用同一基础底板的情况，当为双梁或为双墙且梁或墙荷载差别较大时，条形基础两侧可取不同的宽度，实际宽度以原位标注的基础底板两侧非对称的不同台阶宽度 b

进行表达。

（2）原位注写修正内容

当在条形基础底板上集中标注的某项内容,如底板截面竖向尺寸、底板配筋、底板底面标高等,不适用于条形基础底板的某跨或某外伸部分时,可将其修正内容原位标注在该跨或该外伸部位,施工时原位标注取值优先。

3.1.2.2　截面注写方式

条形基础基础底板的截面注写方式,可分为截面标注和列表注写（结合截面示意图）两种表达方式。

采用截面注写方式,应在基础平面布置图上对所有基础进行编号,见表 3-1。

1. 截面标注

条形基础基础梁的截面标注的内容与形式,与传统"单构件正投影表示方法"基本相同。对于已在基础平面布置图上原位标注清楚的该条形基础梁的水平尺寸,可不在截面图上重复表达,具体表达内容可参照《11G101－3》图集中相应的标准构造。

2. 列表标注

列表标注主要适用于多个条形基础的集中表达。表中内容为条形基础截面的几何数据和配筋,截面示意图上应标注与表中栏目相对应的代号。

条形基础底板列表格式见表 3-4。

表 3-4　条形基础底板几何尺寸和配筋表

基础底板编号/截面号	截面几何尺寸			底部配筋（B）	
	b	b_i	h_1/h_2	横向受力钢筋	纵向构造钢筋

表中各项栏目含义:

（1）编号

坡形截面编号为 $TJB_P xx(xx)$、$TJB_P xx(xxA)$ 或 $TJB_P xx(xxB)$,阶形截面编号为 $TJB_J xx(xx)$、$TJB_J xx(xxA)$ 或 $TJB_J xx(xxB)$。

（2）几何尺寸

水平尺寸 b、b_i, $i=1、2、3$……竖向尺寸 h_1/h_2。

（3）配筋

B:Φ xx@xxx/Φ xx@xxx。

注:表中可根据实际情况增加栏目,如增加上部配筋、基础底板底面标高（与基础底板底面标高不一致时）等。

3.2 条形基础钢筋识图

3.2.1 墙下条形基础底板受力钢筋的排布构造

1. 十字交叉条形基础底板钢筋排布构造

十字交叉条形基础底板钢筋排布构造如图 3-6 所示。

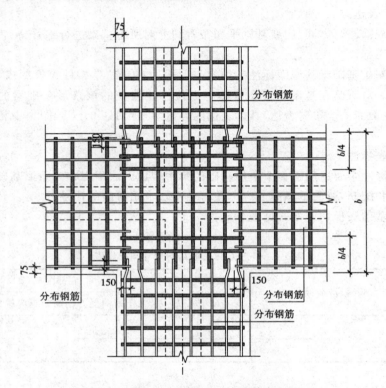

图 3-6 十字交叉条形基础底板钢筋排布构造

2. 丁字交叉条形基础底板钢筋排布构造

丁字交叉条形基础底板钢筋排布构造如图 3-7 所示。

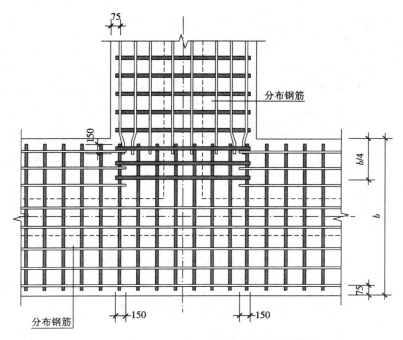

图 3-7 丁字交叉条形基础底板钢筋排布构造

3.转角处墙底板钢筋排布构造

转角处墙底板钢筋排布构造如图 3-8 所示。

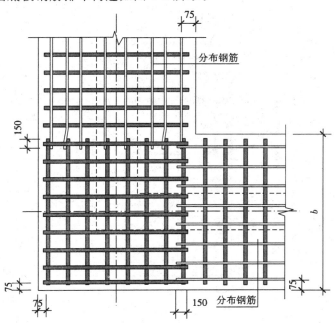

图 3-8 转角处墙底板钢筋排布构造

4.条形基础底板配筋长度减短 10％的钢筋排布构造

条形基础底板配筋长度减短 10％的钢筋排布构造如图 3-9 所示。

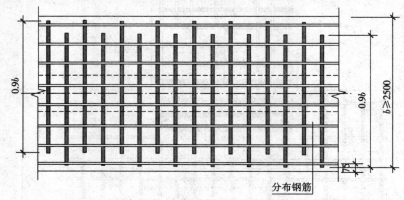

图 3-9 条形基础底板配筋长度减短 10％的钢筋排布构造

当条形基础设有基础梁时,基础底板的分布钢筋在梁宽范围内不设置。

3.2.2 梁式条形基础底板受力钢筋的排布构造

1.十字交叉条形基础底板钢筋排布构造

十字交叉条形基础底板钢筋排布构造如图 3-10 所示。

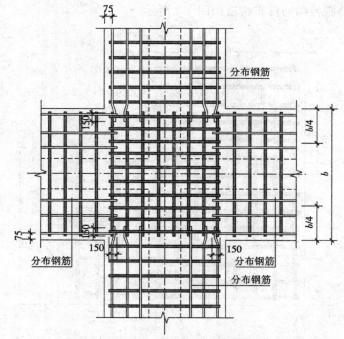

图 3-10 十字交叉条形基础底板钢筋排布构造

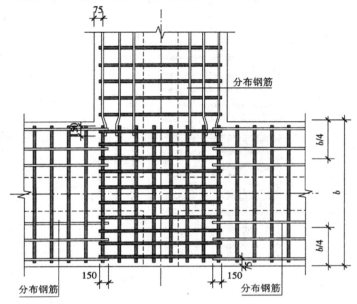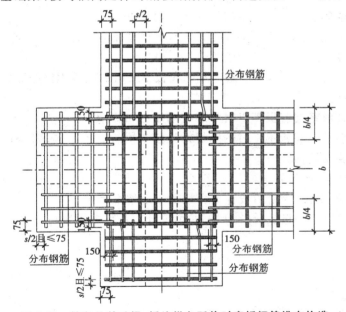

2. 丁字交叉条形基础底板钢筋排布构造

丁字交叉条形基础底板钢筋排布构造如图 3-11 所示。

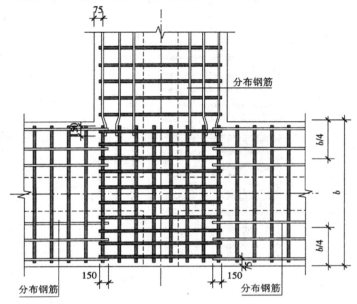

图 3-11 丁字交叉条形基础底板钢筋排布构造

3. 转角处基础梁、板均纵向延伸时底板钢筋排布构造

转角处基础梁、板均纵向延伸时底板钢筋排布构造如图 3-12 所示。

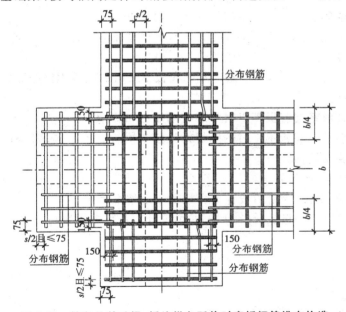

图 3-12 转角处基础梁、板均纵向延伸时底板钢筋排布构造

4.转角处基础梁、板均无延伸时底板钢筋排布构造

转角处基础梁、板均无延伸时底板钢筋排布构造如图 3-13 所示。

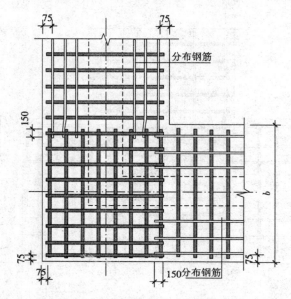

图 3-13　转角处基础梁、板均无延伸时底板钢筋排布构造

3.2.3　条形基础底板不平时底板钢筋的排布构造

1.柱下条形基础底板不平时的底板钢筋排布构造

1）高差小于或等于板厚时,柱下条形基础底板不平时的底板钢筋排布构造如图 3-14 所示。

2）高差大于板厚时,柱下条形基础底板不平时的底板钢筋排布构造如图 3-15 所示。

2.板式条形基础底板不平时的底板钢筋排布构造

板式条形基础底板不平时的底板钢筋排布构造如图 3-16、图 3-17 所示。

其构造要点概括如下:

1）各阶台阶宜等分。

2）对于图 3-16,台阶由设计人员根据土质情况确定。

3）对于图 3-17,板底台阶为 45°或由设计人员根据土质情况确定。

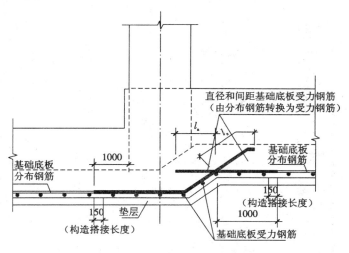

图 3-14 柱下条形基础底板不平时的底板钢筋排布构造(高差小于或等于板厚)

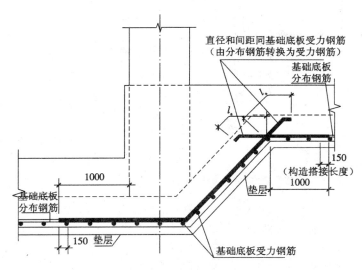

图 3-15 柱下条形基础底板不平时的底板钢筋排布构造(高差大于板厚)

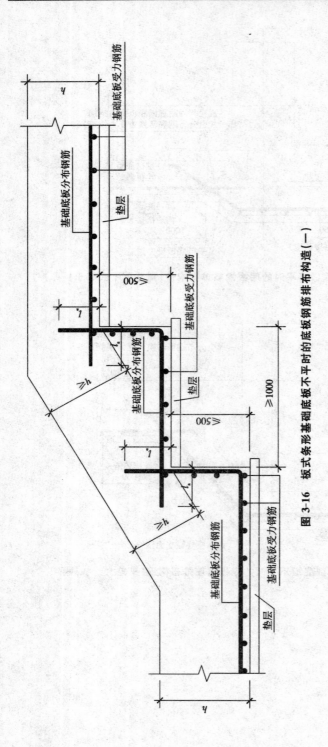

图 3-16 板式条形基础底板不平时的底板钢筋排布构造（一）

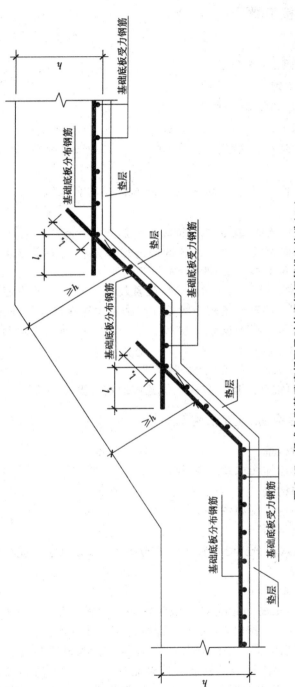

图 3-17 板式条形基础底板板不平时的底板钢筋排布构造(二)

3.2.4 基础梁纵向钢筋连接位置

1.基础梁 JL 纵向钢筋构造

基础梁 JL 纵向钢筋构造如图 3-18 所示。

2.基础次梁纵向钢筋连接位置

基础次梁纵向钢筋连接位置如图 3-19 所示。

上述 1～2 构造要点概括如下：

1）跨度值 l_n 为左跨 l_{ni} 和右跨 l_{ni+1} 之较大值，其中 $i=1$、2、3……边跨端部计算用 l_n 取边跨跨度值。

2）顶部和底部贯通钢筋在图中连接区域内的连接方式应满足《12G901－3》图集的相关构造要求。

3）当不同直径的钢筋绑扎搭接时，搭接长度按较小钢筋直径计算。

4）基础梁内通长设置的纵向钢筋在同一连接区段内相邻连接接头应相互错开，位于同一连接区段内的纵向钢筋接头面积百分率不应大于 50%。

5）当两毗邻跨的底部贯通纵筋配置不同时，应将配置较大一跨的底部贯通纵筋越过其标注的跨数终点或起点，伸至配置较小的毗邻跨的跨中连接区进行连接。

6）梁的同一根纵向钢筋在同一跨内设置连接接头不得多于一个。基础梁的外挑部分不得设置连接接头。

7）当钢筋直径 d 大于 25 mm 时，不宜采用搭接接头。

8）具体工程中，基础梁纵向钢筋的连接方式及位置应以设计要求为准。

3.2.5 基础梁箍筋、拉筋沿梁纵向排布构造

1.基础主梁箍筋、拉筋排布构造

基础主梁箍筋、拉筋排布构造详图如图 3-20 所示。

2.基础次梁箍筋、拉筋排布构造

基础次梁箍筋、拉筋排布构造详图如图 3-21 所示。

上述 1～2 排布构造要点概括如下：

1）在不同配置要求的箍筋区域分界处应设置一道分界箍筋，分界箍筋应按相邻区域配置要求较高的箍筋配置。

2）梁第一道箍筋距支座边缘为 50 mm。

3）梁两侧腰筋用拉筋联系，拉筋间距为非加密区箍筋间距的 2 倍，且小于或等于 600 mm。当梁侧向拉筋多于一排时，相邻上下排拉筋应错开设置。

4）弧形梁箍筋加密区范围按梁宽中心线展开计算，箍筋间距按凸面量度。

5）节点两侧主梁宽不同时，节点区域的箍筋应按梁宽较大的一侧配置箍筋。

6）具体工程中，梁第一种箍筋的设置范围、纵向钢筋搭接区箍筋的配置等均应以设计图中的要求为准。

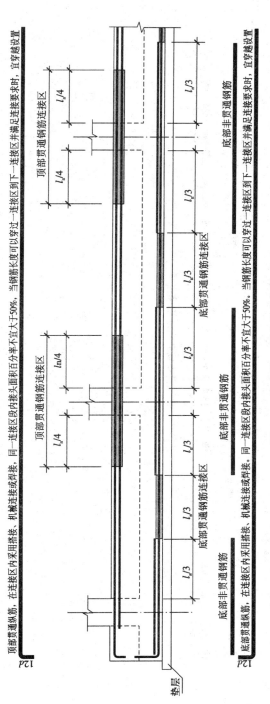

图3-18 基础梁JL纵向钢筋构造

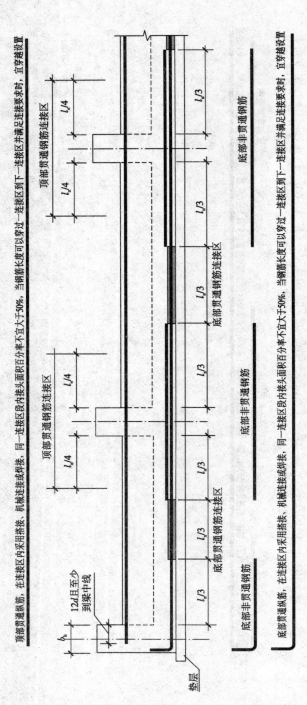

图 3-19 基础次梁纵向钢筋连接位置

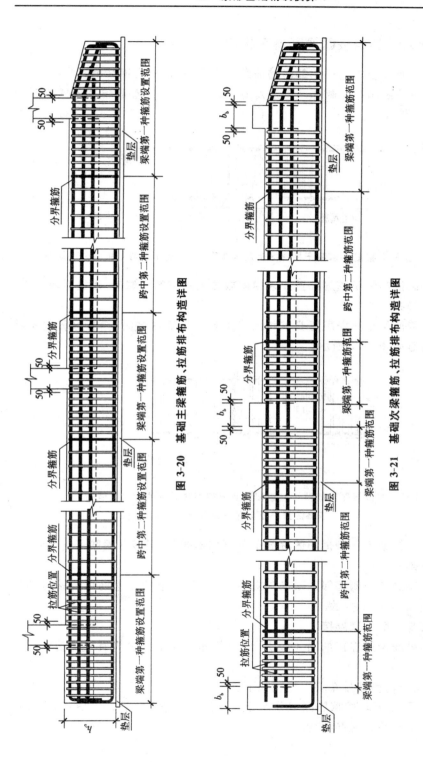

图 3-20 基础主梁箍筋、拉筋排布构造详图

图 3-21 基础次梁箍筋、拉筋排布构造详图

3.2.6 基础梁纵筋搭接区箍筋排布构造

1.当搭接区箍筋要求高于相邻区箍筋配置要求时,搭接区箍筋单独分区排布

当搭接区箍筋要求高于相邻区箍筋配置要求时,搭接区箍筋单独分区排布构造如图 3-22 所示。

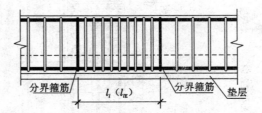

图 3-22　当搭接区箍筋要求高于相邻区箍筋配置要求时,搭接区箍筋单独分区排布

2.当搭接区箍筋位于箍筋配置要求相同或更高的箍筋区域时,搭接区箍筋不单独分区排布

当搭接区箍筋位于箍筋配置要求相同或更高的箍筋区域时,搭接区箍筋不单独分区排布构造如图 3-23 所示。

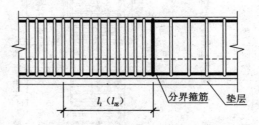

图 3-23　当搭接区箍筋位于箍筋配置要求相同或更高的箍筋区域时,
搭接区箍筋不单独分区排布

3.当搭接区箍筋与一侧相邻区箍筋配置要求相同时,搭接区箍筋可与该侧箍筋合并排布

当搭接区箍筋与一侧相邻区箍筋配置要求相同时,搭接区箍筋可与该侧箍筋合并排布构造如图 3-24 所示。

4.架立筋与纵筋构造连接

架立筋与纵筋构造连接如图 3-25 所示,构造搭接位置至少应有一道箍筋同搭接的两根钢筋绑扎。

上述 1~4 所述箍筋排布要点概括如下:

1)在不同配置要求的箍筋区域分界处应设置一道分界箍筋,分界箍筋应按相邻区域配置要求较高的箍筋配置。

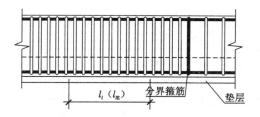

图 3-24 当搭接区箍筋与一侧相邻区箍筋配置要求相同时,
搭接区箍筋可与该侧箍筋合并排布

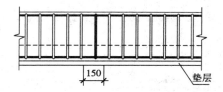

图 3-25 架立筋与纵筋构造连接

2）受力钢筋搭接长度内的箍筋直径不小于 $d/4$（d 为搭接钢筋的最大直径），纵向钢筋搭接长度范围内的箍筋间距小于或等于 $5d$（d 为搭接钢筋的较小直径），且不应大于 100 mm。

3.2.7 基础梁 JL 端部钢筋排布构造

1. 基础梁 JL 端部外伸部位钢筋排布构造

（1）基础梁 JL 端部等截面外伸钢筋排布构造

端部等截面外伸钢筋排布构造如图 3-26 所示。

（2）基础梁 JL 端部变截面外伸钢筋排布构造

端部变截面外伸钢筋排布构造如图 3-27 所示。

其构造要点概括如下：

1）端部等（变）截面外伸构造中，当 $l'_n + h_c$ 小于或等于 l_a 时，基础梁下部钢筋应伸至端部后弯折，且从外柱内边算起水平段长度不小于 $0.4l_{ab}$，弯折长度 $15d$。

2）节点区域内箍筋设置同梁端箍筋设置。

3）基础主梁相交处的交叉钢筋的位置关系，应按具体设计要求。

4）本图节点内的梁、柱均有箍筋，施工前应组织好施工顺序，以避免梁或柱的箍筋无法放置。

5）l_n 为边跨净跨度。

2. 基础梁 JL 端部无外伸的钢筋排布构造

端部无外伸钢筋排布构造如图 3-28、图 3-29 所示。

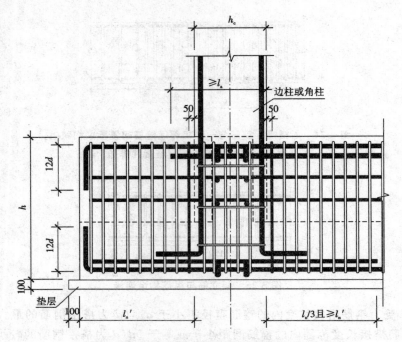

图 3-26　基础梁 JL 端部等截面外伸钢筋排布构造

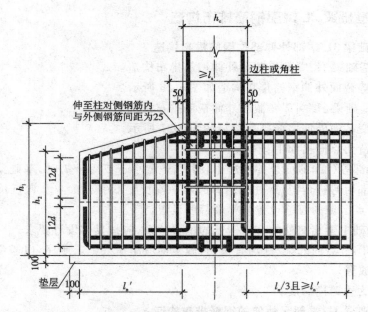

图 3-27　基础梁 JL 端部变截面外伸钢筋排布构造

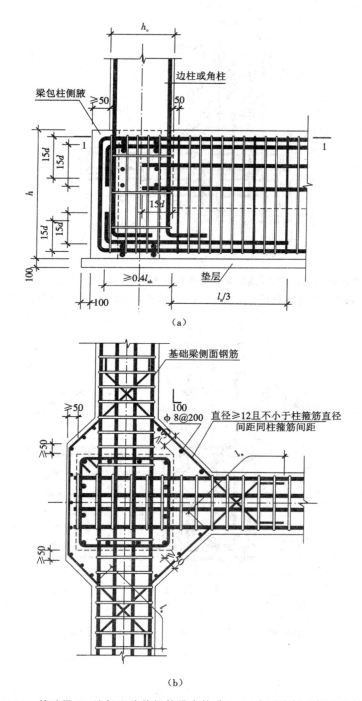

（a）

（b）

图 3-28 基础梁 JL 端部无外伸钢筋排布构造(一)(本图未标示侧腋钢筋)

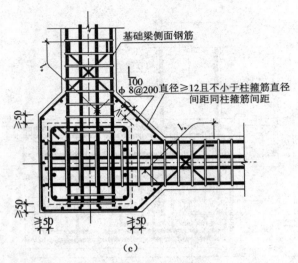

(c)

续图 3-28 基础梁 JL 端部无外伸钢筋排布构造(一)(本图未标示侧腋钢筋)
(a)端部无外伸钢筋排布构造;(b)1—1(边柱)剖面图;(c)1—1(角柱)剖面图

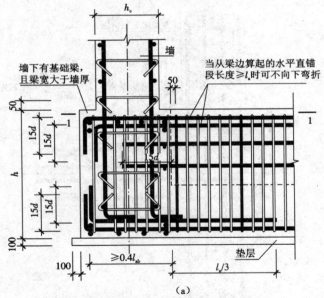

(a)

图 3-29 基础梁 JL 端部无外伸钢筋排布构造(二)

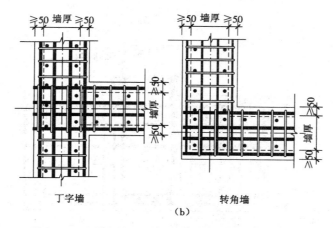

丁字墙　　　　　　　　　转角墙

（b）

续图 3-29　基础梁 JL 端部无外伸钢筋排布构造（二）

（a）端部无外伸钢筋排布构造；（b）1—1 剖面图

其构造要点概括如下：

1）l_n 为边跨净跨度。

2）节点区域内箍筋设置同梁端箍筋设置。

3）基础主梁相交处的交叉钢筋的位置关系，应按具体设计要求。

4）端部无外伸构造中基础梁底部与顶部纵筋应成对连通设置（可采用通长钢筋，或将底部与顶部钢筋焊接连接后弯折成型）。成对连通后顶部和底部多出的钢筋构造如下。

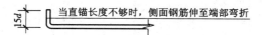

5）基础梁侧面钢筋如果设计标明为抗扭钢筋时，自柱边开始伸入支座的锚固长度不小于 l_a，当直锚长度不够时，可向上弯折。

6）本图节点内的梁、柱均有箍筋，施工前应组织好施工顺序，以避免梁或柱的箍筋无法设置。

3.2.8　基础次梁 JCL 端部钢筋排布构造

1. 基础次梁 JCL 端部外伸部位钢筋排布构造

（1）基础次梁 JCL 端部等截面外伸钢筋排布构造

端部等截面外伸钢筋排布构造如图 3-30 所示。

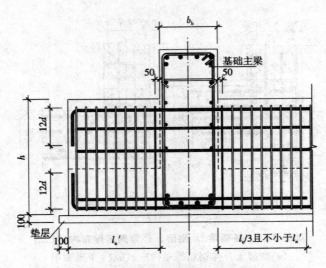

图 3-30　基础次梁 JCL 端部等截面外伸钢筋排布构造

（2）基础次梁 JCL 端部变截面外伸钢筋排布构造

端部变截面外伸钢筋排布构造如图 3-31 所示。

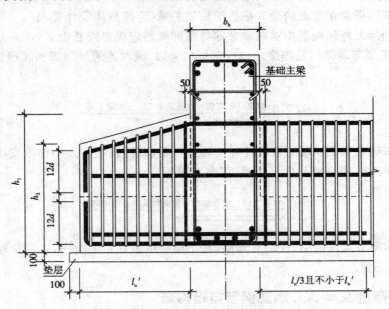

图 3-31　基础次梁 JCL 端部变截面外伸钢筋排布构造

上述（1）～（2）构造要点概括如下：

1）l_n 为边跨净跨度。

2）节点区域内基础主梁箍筋设置同梁端箍筋设置。

2. 基础次梁 JCL 端部无外伸的钢筋排布构造

基础次梁 JCL 端部无外伸的钢筋排布构造如图 3-32 所示。

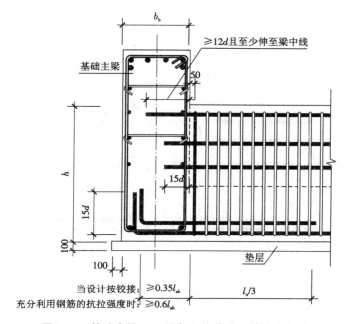

图 3-32 基础次梁 JCL 端部无外伸的钢筋排布构造

其构造要点概括如下：

1）l_n 为边跨净跨度。

2）节点区域内基础主梁箍筋设置同梁端箍筋设置。

3）如果设计标明基础梁侧面钢筋为抗扭钢筋时，自梁边开始伸入支座的锚固长度不小于 l_a。

3.2.9 基础梁顶平和底平时钢筋排布构造

1. 基础梁中间支座钢筋排布构造

基础梁中间支座钢筋排布构造如图 3-33 所示。

2. 基础次梁中间支座钢筋排布构造

基础次梁中间支座钢筋排布构造如图 3-34 所示。

上述 1～2 钢筋构造要点概括如下：

1）支座两侧的钢筋应协调配置，当两侧配筋直径相同而根数不同时，应将配筋小的一侧的钢筋全部穿过支座，配筋大的一侧多余的钢筋至少伸至柱对边内侧，锚固长度为 l_a，当柱内长度不能满足时，则将多余钢筋伸至对侧梁内，以满足锚固长度要求。

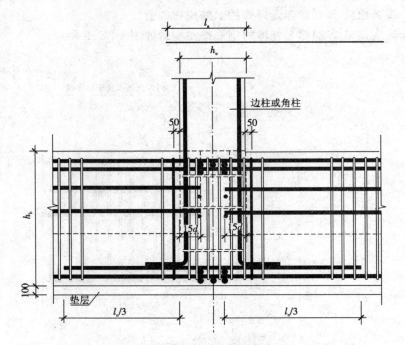

图 3-33　基础梁中间支座钢筋排布构造

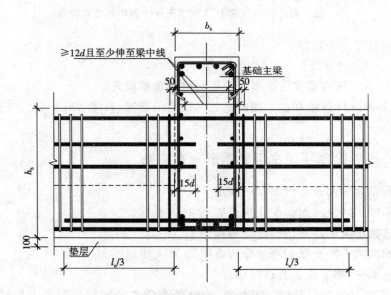

图 3-34　基础次梁中间支座钢筋排布构造

2）l_n 为支座两侧净跨度的较大值。

3）本图节点内的梁、柱均有箍筋，施工前应组织好施工顺序，以避免梁或柱的箍筋无法放置。

4）当基础梁中间支座两侧的腰筋相同且锚固长度之和不小于梁宽时，可直接将两侧腰筋贯通支座。

5）基础主梁相交处的交叉钢筋的位置关系，应按具体设计说明。

6）当设计注明基础梁中的侧面钢筋为抗扭钢筋且未贯通施工时，锚固长度为 l_a。

3.2.10 基础梁有高差时钢筋排布构造

1. 基础主梁仅梁顶有高差时钢筋排布构造

（1）基础主梁仅梁顶有高差时钢筋排布构造

基础主梁仅梁顶有高差时钢筋排布构造如图 3-35 所示。

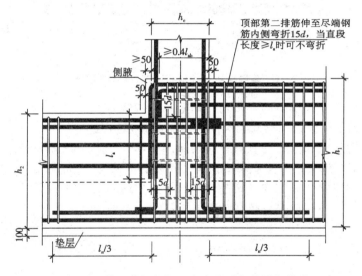

图 3-35　基础主梁仅梁顶有高差时钢筋排布构造

（2）基础次梁仅梁顶有高差时钢筋排布构造

基础次梁仅梁顶有高差时钢筋排布构造如图 3-36 所示。

上述（1）～（2）构造要点概括如下：

1）l_n 为支座两侧净跨度的较大值。

2）节点内的梁、柱均有箍筋，施工前应组织好施工顺序，以避免梁或柱的箍筋无法放置。

3）当设计注明基础梁中的侧面钢筋为抗扭钢筋且未贯通施工时，锚固长度为 l_a。

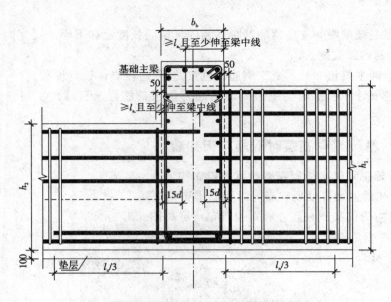

图 3-36　基础次梁仅梁顶有高差时钢筋排布构造

2. 基础梁梁顶和梁底均有高差时钢筋排布构造

（1）基础主梁梁顶和梁底均有高差时钢筋排布构造

基础主梁梁顶和梁底均有高差时钢筋排布构造如图 3-37 所示。

（2）基础次梁梁顶和梁底均有高差时钢筋排布构造

基础次梁梁顶和梁底均有高差时钢筋排布构造如图 3-38 所示。

上述（1）～（2）构造要点概括如下：

1）l_n 为支座两侧净跨度的较大值。

2）跨内纵向钢筋、箍筋排布及复合方式均应符合《12G901－3》图集中基础梁相应的构造要求。

3）梁（板）底高差坡度根据场地实际情况可取 30°、45°或 60°角。

4）当设计注明基础梁中的侧面钢筋为抗扭钢筋且未贯通施工时，锚固长度为 l_a。

3. 基础梁梁底有高差时钢筋排布构造

（1）基础主梁梁底有高差时钢筋排布构造

基础主梁梁底有高差时钢筋排布构造如图 3-39 所示。

（2）基础次梁梁底有高差时钢筋排布构造

基础次梁梁底有高差时钢筋排布构造如图 3-40 所示。

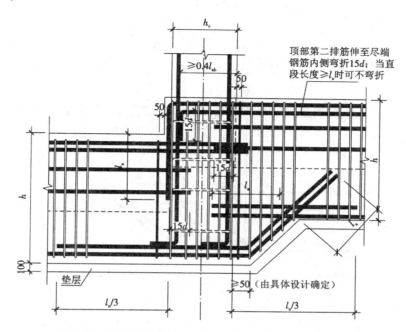

图 3-37 基础主梁梁顶和梁底均有高差时钢筋排布构造

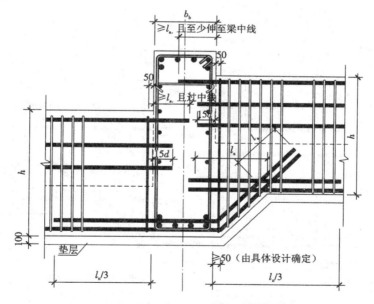

图 3-38 基础次梁梁顶和梁底均有高差时钢筋排布构造

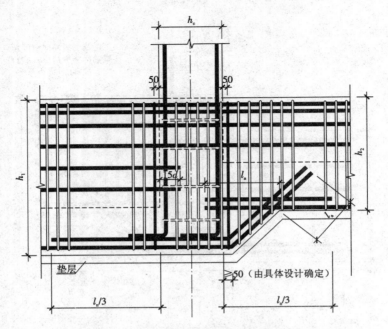

图 3-39 基础主梁梁底有高差时钢筋排布构造

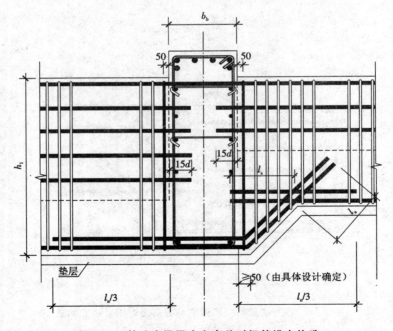

图 3-40 基础次梁梁底有高差时钢筋排布构造

上述(1)~(2)构造要点概括如下:

1) l_n 为支座两侧净跨度的较大值。

2) 梁(板)底高差坡度根据场地实际情况可取 30°、45°或 60°角。

3) 当基础梁变标高及变截面形式与本图不同时,其构造应用设计者设计,当施工要求参照本图构造方式时,应提供相应的变更说明。

4) 当设计注明基础梁中的侧面钢筋为抗扭钢筋且未贯通施工时,锚固长度为 l_a。

3.2.11 支座两侧基础梁宽度不同时钢筋排布构造

1. 基础主梁(支座右侧梁宽大于左侧梁宽)

基础主梁支座右侧梁宽大于左侧梁宽时钢筋排布构造如图 3-41 所示。

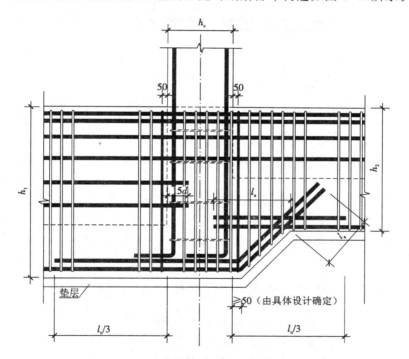

图 3-41 基础主梁支座右侧梁宽大于左侧梁宽时钢筋排布构造

2. 基础次梁(支座右侧梁宽大于左侧梁宽)

基础次梁支座右侧梁宽大于左侧梁宽时钢筋排布构造如图 3-42 所示。

上述 1~2 构造要点概括如下:

1) 支座两侧的钢筋应协调配置,梁宽较小一侧的钢筋应全部贯通支座。宽出部位的上、下排纵向钢筋,伸至支座尽端钢筋内侧,自柱边算起的锚固长度为 l_a,当直锚段不能满足要求时,可在尽端钢筋内侧向下弯折,向下弯折长度为 $15d$。

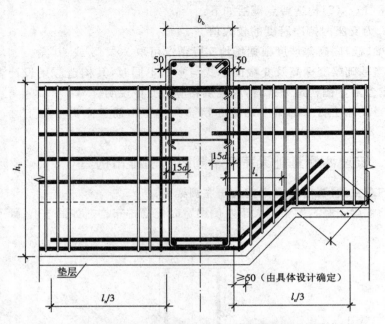

图 3-42　基础次梁支座右侧梁宽大于左侧梁宽时钢筋排布构造

　　2）l_n 为支座两侧净跨度的较大值。

　　3）节点区域内箍筋设置应满足《12G901-3》图集中基础梁箍筋排布构造要求。

　　4）当基础梁中间支座两侧的腰筋相同且锚固长度之和不小于梁宽时，可直接将两侧腰筋贯通支座。

　　5）当设计注明基础梁中的侧面钢筋为抗扭钢筋且未贯通施工时，锚固长度为 l_a。

3.2.12　基础主梁与柱结合部位侧腋钢筋排布构造

1. 十字交叉基础主梁与柱结合部位侧腋钢筋排布

十字交叉基础主梁与柱结合部位侧腋钢筋排布如图 3-43 所示。

2. 丁字交叉基础主梁与柱结合部位侧腋钢筋排布

丁字交叉基础主梁与柱结合部位侧腋钢筋排布如图 3-44 所示。

3. 基础主梁偏心穿柱与柱结合部位钢筋排布构造

基础主梁偏心穿柱与柱结合部位钢筋排布构造如图 3-45 所示。

4. 无外伸主梁与角柱结合部位钢筋排布构造

无外伸主梁与角柱结合部位钢筋排布构造如图 3-46 所示。

5. 基础主梁中心穿柱与柱结合部位钢筋排布构造

基础主梁中心穿柱与柱结合部位钢筋排布构造如图 3-47 所示。

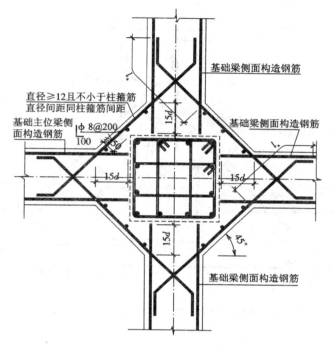

图 3-43 十字交叉基础主梁与柱结合部位侧腋钢筋排布

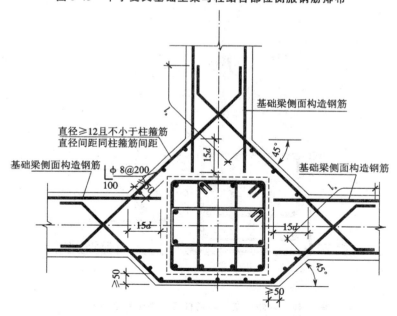

图 3-44 丁字交叉基础主梁与柱结合部位侧腋钢筋排布

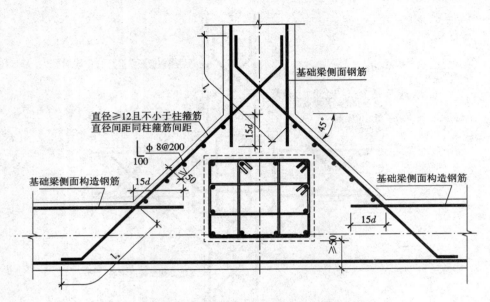

图 3-45　基础主梁偏心穿柱与柱结合部位钢筋排布构造

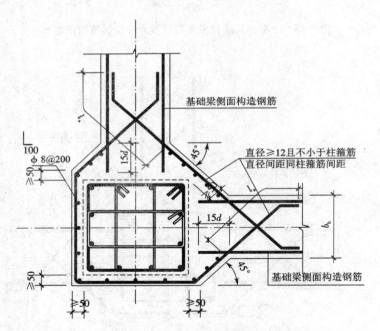

图 3-46　无外伸主梁与角柱结合部位钢筋排布构造

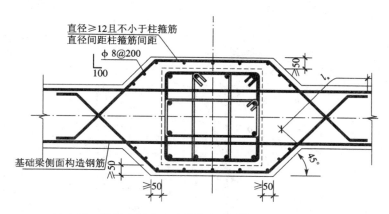

图 3-47 基础主梁中心穿柱与柱结合部位钢筋排布构造

上述 1~5 构造要点概括如下：

1）除基础梁比柱宽且完全形成梁包柱的情况外，所有基础主梁与柱结合部位均应按相应图中的构造排布钢筋。

2）同一节点的各边侧腋尺寸及配筋均相同。

3）当设计注明基础梁中的侧面钢筋为抗扭钢筋且未贯通施工时，锚固长度为 l_a。

3.2.13 基础梁高加腋钢筋排布构造

1.基础主梁梁高加腋钢筋排布构造

（1）基础主梁梁高加腋钢筋排布构造（一）（见图 3-48）

其构造要点概括如下：

1）当筏形基础平法施工图中基础梁梁高加腋部位的配筋未注明时，其梁腋的顶部斜纵钢筋为基础梁顶部第一排纵筋根数减一根（且不少于两根），并插空安放，其强度和直径与基础梁顶部第一排纵筋相同。梁腋范围的箍筋与基础梁的箍筋配置相同，仅箍筋高度为变值。

2）基础主梁在梁柱结合部位所加侧腋的顶部与基础主梁非加腋段顶部齐平，不随梁高加腋而变化。

3）当设计注明基础梁中的侧面钢筋为抗扭钢筋且未贯通施工时，锚固长度为 l_a。

（2）基础主梁梁高加腋钢筋排布构造（二）（见图 3-49）

其构造要点概括如下：

1）柱插筋构造详见《12G901-3》图集的"一般构造要求"部分的有关详图。

2）基础主梁在其与柱结合部位所加侧腋的顶部与基础主梁梁高非加腋段顶部齐平，不随梁高加腋而变化。

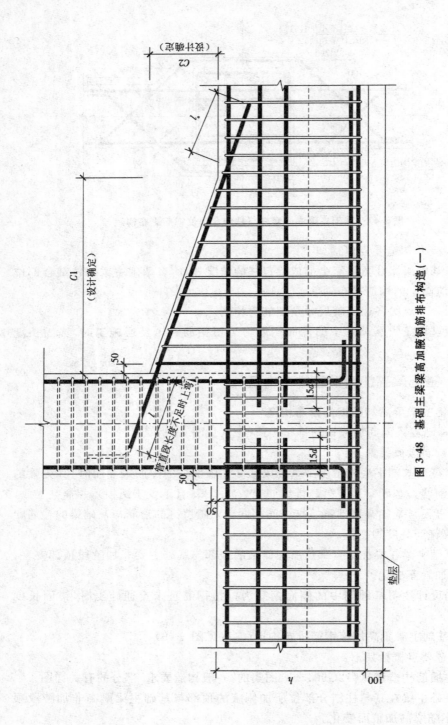

图 3-48 基础主梁高加腋钢筋排布构造(一)

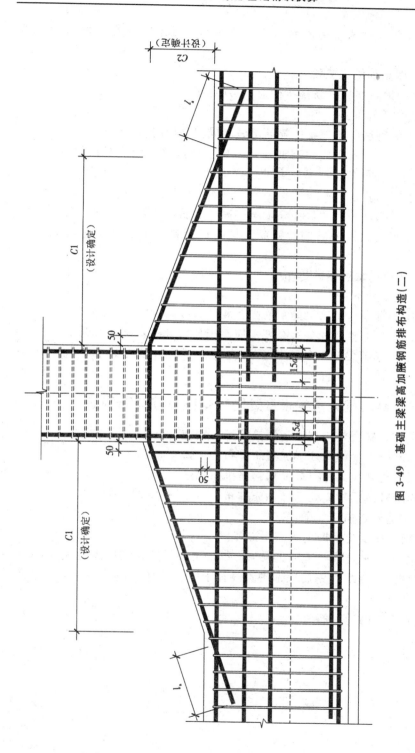

图 3-49　基础主梁梁高加腋钢筋排布构造（二）

3) 当设计注明基础梁中的侧面钢筋为抗扭钢筋且未贯通施工时,锚固长度为 l_a。

2. 基础次梁梁高加腋钢筋排布构造

(1) 基础次梁梁高加腋钢筋排布构造(一)(见图 3-50)

其构造要点概括如下:

1) 梁腋范围的箍筋与基础梁的箍筋配置相同,仅箍筋高度为变值。

2) 当基础主梁一侧有次梁梁高加腋且基础主梁高度不能满足次梁加腋纵筋直段锚入时,可将斜纵筋弯折成平段并伸过梁中线后向下弯折,水平段长度不小于 $0.6l_{ab}$,弯折长度为 $15d$。

3) 基础次梁梁高加腋后的最大高度不应高于加腋处的基础主梁高度。

4) 当设计注明基础梁中的侧面钢筋为抗扭钢筋且未贯通施工时,锚固长度为 l_a。

(2) 基础次梁梁高加腋钢筋排布构造(二)(见图 3-51)

其构造要点概括如下:

1) 梁腋范围的箍筋与基础梁的箍筋配置相同,仅箍筋高度为变值。

2) 基础次梁梁高加腋后的最大高度不应高于加腋处的基础主梁高度。

3) 当设计注明基础梁中的侧面钢筋为抗扭钢筋且未贯通施工时,锚固长度为 l_a。

3.2.14 基础主梁与基础次梁相交处附加横向钢筋排布构造

1. 基础主梁与基础次梁相交处附加箍筋排布构造

基础主梁与基础次梁相交处附加箍筋排布构造如图 3-52 所示。

2. 基础主梁与基础次梁相交处反扣钢筋排布构造

基础主梁与基础次梁相交处反扣钢筋排布构造如图 3-53 所示。

上述 1~2 构造要点概括如下:

1) 反扣的钢筋高度应根据主梁高度推算。

2) 反扣钢筋顶部平直段与基础主梁顶部纵筋之间的净距离应满足规范要求,当空间不能满足时,应将反扣钢筋顶部平直段置于下一排,但不应低于次梁的顶面标高。

3) 反扣钢筋范围内的箍筋照设。

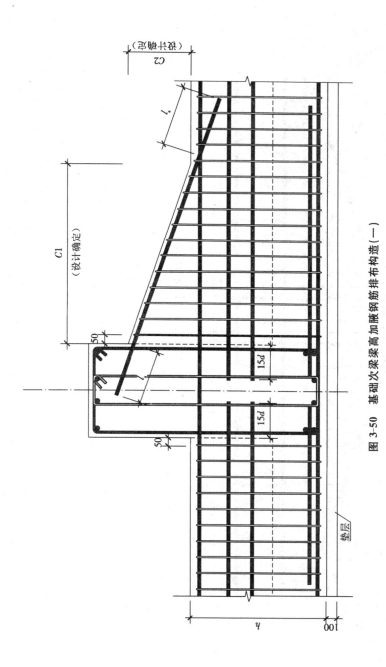

图 3-50　基础次梁梁高加腋钢筋排布构造（一）

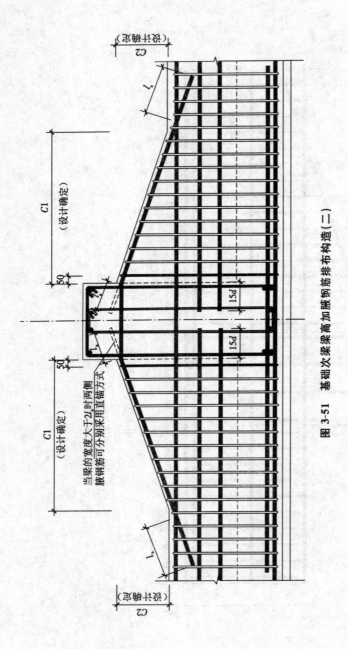

图 3-51 基础次梁梁高加腋钢筋排布构造(二)

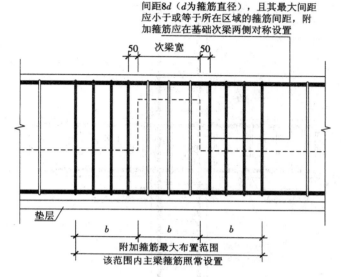

图 3-52 基础主梁与基础次梁相交处附加箍筋排布构造

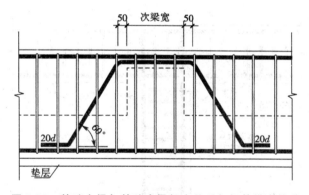

图 3-53 基础主梁与基础次梁相交处反扣钢筋排布构造

3.2.15 基础梁相交区域箍筋排布构造

基础梁相交区域箍筋排布构造如图 3-54 所示。

其构造要点概括如下:

1) 当两向为等高基础主梁交叉时,基础主梁 A 的顶部和底部纵筋均在上交叉,基础主梁 B 均在下交叉。当设计有具体要求时按设计施工。

2) 当两向不等高基础主梁交叉时,截面较高者为基础主梁 A,截面较低者为基础主梁 B。

3) 图中虚线为基础主梁相交处的柱及侧腋。

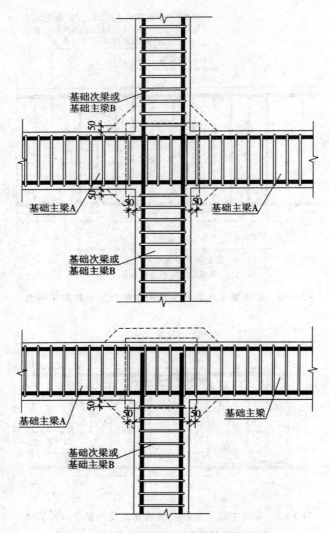

基础次梁或
基础主梁B

基础主梁A

基础主梁A

基础次梁或
基础主梁B

基础主梁A

基础主梁

基础次梁或
基础主梁B

图 3-54　基础梁相交区域箍筋排布构造

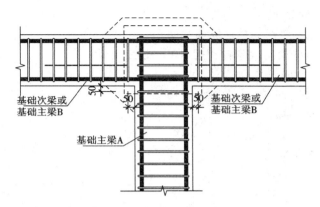

续图 3-54　基础梁相交区域箍筋排布构造

3.3　条形基础钢筋快算

【例 3-6】　JL01 平法施工图,如图 3-55 所示。求 JL01 的顶部及底部配筋。

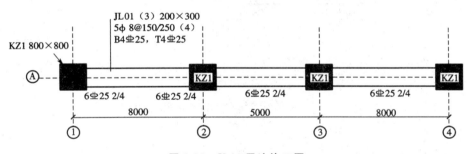

图 3-55　JL01 平法施工图

【解】

(1) 底部及顶部贯通 4 $\underline{\Phi}$ 25

长度 $= 2 \times$(梁长－保护层)$+ 2 \times 15d$

$\qquad = 2 \times (8000 \times 2 + 5000 + 2 \times 50 + 800 - 40) + 2 \times 15 \times 25$

$\qquad = 44\ 470(\text{mm})$

(2) 支座 1、4 底部非贯通纵筋 2 $\underline{\Phi}$ 25

长度 $=$ 自柱边缘向跨内的延伸长度$+$柱宽$+$梁包柱侧腋$+ 15d$

自柱边缘向跨内的延伸长度 $= l_n/3$

$\qquad\qquad\qquad\qquad\qquad = (8000 - 800)/3$

$\qquad\qquad\qquad\qquad\qquad = 2400(\text{mm})$

总长度 $= 2400 + h_c +$梁包柱侧腋$- c + 15d$

$\qquad\qquad = 2400 + 800 + 50 - 40 + 15 \times 25$

=3585(mm)

(3) 支座 2、3 底部非贯通纵筋 2 ⎬ 25

长度=柱边缘向跨内延伸长度×2+柱宽

$$=2\times(8000-800)/3+800$$

$$=2\times2400+800$$

$$=5600(mm)$$

【例 3-7】 JL03 平法施工图,如图 3-56 所示,求 JL03 的底部贯通纵筋、顶部贯通纵筋及非贯通纵筋。

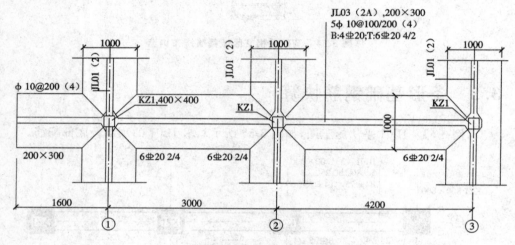

图 3-56 JL03 平法施工图

【解】

(1) 底部贯通纵筋 4 ⎬ 20

长度=(3000+4200+1600+200+50)-2×25+2×15×20

=9600(mm)

(2) 顶部贯通纵筋上排 4 ⎬ 20

长度=(3000+4200+1600+200+50)-2×25+12×20+15×20

=9540(mm)

(3) 顶部贯通纵筋下排 2 ⎬ 20

长度=3000+4200+(200+50-25+12d)-200+29d

=3000+4200+(200+50-25+12×20)-200+29×20

=8045(mm)

(4) 箍筋

1) 外大箍筋长度=(200-2×25)×2+(300-2×25)×2+2×11.9×10

=1038(mm)

2）内小箍筋长度＝[（200－2×25－20－20）/3＋20＋20]×2＋（300－2×25）
$$\times2+2\times11.9\times10$$
$$=892(\text{mm})$$

3）箍筋根数。

第一跨：5×2＋7＝17（根）

两端各 5 Φ 10；

中间箍筋根数＝（3000－200×2－50×2－100×5×2）/200－1＝7（根）

第二跨：5×2＋13＝23（根）

两端各 5 Φ 10。

中间箍筋根数＝（4200－200×2－50×2－100×5×2）/200－1＝13（根）

节点内箍筋根数＝400/100＝4（根）

外伸部位箍筋根数＝（1600－200－2×50）/200＋1＝9（根）

JL03 箍筋总根数为：

外大箍筋根数＝17＋23＋4×4＋9＝65（根）

内小箍筋根数＝65（根）

（5）底部外伸端非贯通纵筋 2 Φ 20（位于上排）

长度＝延伸长度 $\max(l_n/3, l'_n)$＋伸至端部
$$=1200+1600+200-25=2975(\text{mm})$$

（6）底部中间柱下区域非贯通筋 2 Φ 20（位于下排）

长度＝$2\times l_n/3$＋柱宽
$$=2\times(4200-400)/3+400$$
$$=1667(\text{mm})$$

（7）底部右端（非外伸端）非贯通筋 2 Φ 20

长度＝延伸长度 $l_n/3$＋伸至端部
$$=(4200-400)/3+400+50-25+15d$$
$$=(4200-400)/3+400+50-25+15\times20$$
$$=1992(\text{mm})$$

【例 3-8】 JL05 平法施工图，如图 3-57 所示，求 JL05 的加腋筋及分布筋。

【解】

（本例以①轴线加腋筋为例，②、③轴位置加腋筋同理）

（1）加腋斜边长
$$a=\sqrt{50^2+50^2}$$
$$=70.71(\text{mm})$$
$$b=a+50$$
$$=70.71+50$$
$$=120.71(\text{mm})$$

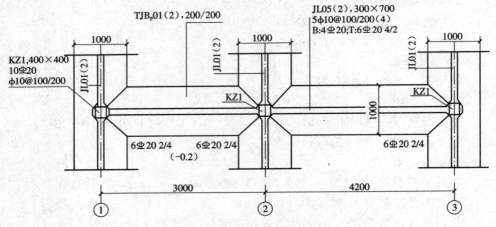

图 3-57　JL05 平法施工图

1 号筋加腋斜边长 $= 2b$

$\qquad = 2 \times 120.71$

$\qquad = 242(\mathrm{mm})$

（2）1 号加腋筋Φ10（本例中 1 号加腋筋对称，只计算一侧）

1 号加腋筋长度 = 加腋斜边长 $+ 2 \times l_a$

$\qquad = 242 + 2 \times 29 \times 10$

$\qquad = 822(\mathrm{mm})$

根数 $= 300/100 + 1$

$\qquad = 4$（根）（间距同柱箍筋间距 100）

分布筋（Φ8@200）。

长度 $= 300 - 2 \times 25$

$\qquad = 250(\mathrm{mm})$

根数 $= 242/200 + 1$

$\qquad = 3$（根）

（3）1 号加腋筋Φ12

加腋斜边长 $= 400 + 2 \times 50 + 2 \times \sqrt{100^2 + 100^2}$

$\qquad = 783(\mathrm{mm})$

2 号加腋筋长度 $= 783 + 2 \times 29d$

$\qquad = 783 + 2 \times 29 \times 10$

$\qquad = 1363(\mathrm{mm})$

根数 $= 300/100 + 1$

$\qquad = 4$（根）（间距同柱箍筋间距 100）

分布筋（Φ8@200）。

长度＝300－2×25

＝250(mm)

根数＝783/200＋1

＝5(根)

【例3-9】 JL02平法施工图,如图3-58所示,求JL02的贯通纵筋、非贯通纵筋、架立筋、侧部构造筋。

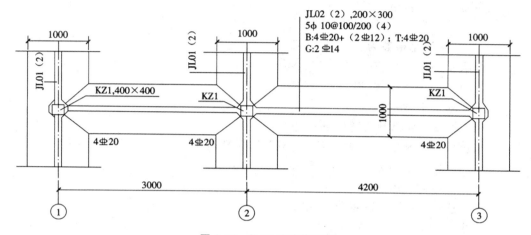

图3-58 JL02平法施工图

【解】

本例中不计算加腋筋。

(1)底部贯通纵筋 4 ⊈ 20

长度＝(3000＋4200＋200×2＋50×2)－2×25＋2×15×20

＝8250(mm)

(2)顶部贯通纵筋 4 ⊈ 20

长度＝(3000＋4200＋200×2＋50×2)－2×25＋2×15×20

＝8250(mm)

(3)箍筋

1)外大箍筋长度＝(200－2×25)×2＋(300－2×25)×2＋2×11.9×10

＝1038(mm)

2)内小箍筋长度＝[(200－2×25－20－20)/3＋20＋20]×2＋(300－2×25)

×2＋2×11.9×10

＝892(mm)

3)箍筋根数。

第一跨:5×2＋7＝17(根)

两端各 5 中 10。

中间箍筋根数＝(3000－200×2－50×2－100×5×2)/200－1

$\qquad$＝7(根)

第二跨:5×2＋13＝23(根)

两端各 5 Φ 10。

中间箍筋根数＝(4200－200×2－50×2－100×5×2)/200－1

$\qquad$＝13(根)

节点内箍筋根数＝400/100

$\qquad$＝4(根)

$JL02$ 箍筋总根数为:

外大箍筋根数＝17＋23＋4×4

$\qquad$＝56(根)

内小箍筋根数＝56(根)

(4) 支座①底部非贯通纵筋 2 Φ 20

长度＝延伸长度 l_n/3＋柱宽＋伸到端部并弯折 $15d$

$\qquad$＝(3000－400)/3＋400＋50－25＋15×20

$\qquad$＝1592(mm)

(5) 底部中间柱下区域非贯通筋 2 Φ 20

长度＝2×l_n/3＋柱宽

$\qquad$＝2×(4200－400)/3＋400

$\qquad$＝2934(mm)

(6) 底部架立筋 2 Φ 12

第一跨底部架立筋长度＝轴线尺寸－2×l_n/3＋2×150

$\qquad$＝3000－2×(4200－400)/3＋2×150

$\qquad$＝766(mm)

第二跨底部架立筋长度＝轴线尺寸－2×l_n/3＋2×150

$\qquad$＝4200－2×(4200－400)/3＋2×150

$\qquad$＝1966(mm)

(7) 侧部构造筋 2 Φ 14

第一跨侧部构造筋长度＝净长＋$15d$

$\qquad$＝3000－2×(200＋50)

$\qquad$＝2500(mm)

第二跨侧部构造筋长度＝4200－2×(200＋50)

$\qquad$＝3700(mm)

拉筋(Φ 8)间距为最大箍筋间距的 2 倍

第一跨拉筋根数＝[3000－2×(200＋50)]/400＋1

$\qquad$＝8(根)

第二跨拉筋根数＝[4200－2×(200＋50)]/400＋1

＝11(根)

【例 3-10】 TJP$_P$01 平法施工图,如图 3-59 所示,求 TJP$_P$01 底部的受力筋及分布筋。

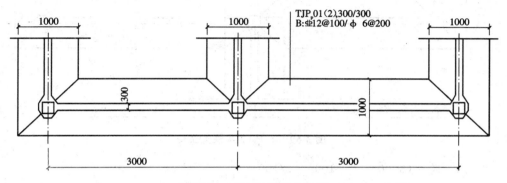

TJP$_P$01(2),300/300
B:Φ12@100/ ϕ 6@200

图 3-59 TJP$_P$01 平法施工图

【解】

(1) 受力筋Φ 12@100

长度＝条形基础底板宽度－2c

＝1000－2×40

＝920(mm)

根数＝(3000×2＋2×500－2×50)/100＋1

＝40(根)

(2) 分布筋Φ 6@200

长度＝3000×2－2×500＋2×40＋2×150

＝5380(mm)

单侧根数＝(500－150－2×100)/200＋1

＝2(根)

【例 3-11】 TJP$_P$03 平法施工图,如图 3-60 所示,求 TJP$_P$03 底部的受力筋及分布筋。

【解】

(1) 受力筋Φ 12@100

长度＝条形基础底板宽度－2c

＝1000－2×40

＝920(mm)

根数＝23×2

＝46(根)

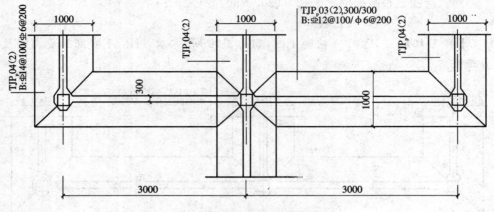

图 3-60　TJP$_P$03 平法施工图

第一跨＝（3000－50＋1000/4）/100＋1

　　　＝33（根）

第二跨＝（3000－50＋1000/4）/100＋1

　　　＝33（根）

（2）分布筋中 6@200

长度＝3000×2－2×500＋2×40＋2×150

　　＝5380（mm）

单侧根数＝（500－150－2×100）/200＋1

　　　　＝2（根）

【例 3-12】　TJP$_P$04 平法施工图，如图 3-61 所示，求 TJP$_P$04 底部的受力筋及分布筋。

【解】

（1）受力筋业 12@100

长度＝条形基础底板宽度－2c

　　＝1000－2×40

　　＝920（mm）

非外伸段根数＝（3000×2－50＋1000/4）/100＋1

　　　　　　＝63（根）

外伸段根数＝（1000－500－50＋1000/4）/100＋1

　　　　　＝8（根）

根数＝63＋8＝71（根）

（2）分布筋中 6@200

长度＝3000×2－2×500＋2×40＋2×150

　　＝5380（mm）

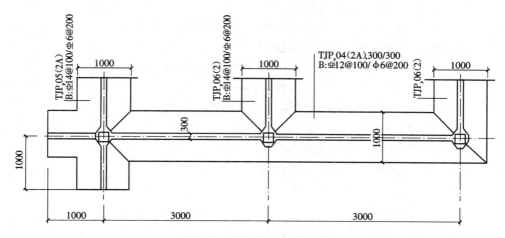

图 3-61 TJP_P04 平法施工图

外伸段长度＝1000－500－40＋40＋150

        ＝650(mm)

单侧根数＝(500－150－2×100)/200＋1

        ＝2(根)

【例 3-13】 JL03 平法施工图，如图 3-62 所示。计算其贯通纵筋、非贯通纵筋。

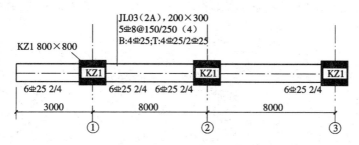

图 3-62 JL03 平法施工图

【解】

(1) 底部和顶部第一排贯通纵筋 4 Φ 25

长度＝(梁长－保护层)＋12d＋15d

    ＝(8000×2＋400＋3000＋50－50)＋12×25＋15×25

    ＝20 075(mm)

（2）支座 1 底部非贯通纵筋 2 Φ 25

长度＝自柱边缘向跨内的延伸长度＋外伸端长度＋柱宽

$$自柱边缘向跨内的延伸长度＝\max(l_n/3, l'_n)$$
$$＝\max[(8000-800)/3, (3000-400)]$$
$$＝2600(mm)$$

外伸端长度＝3000－400－25＝2575（mm）（位于上排，外伸端不弯折）

总长度＝2600＋2575＋800＝5975（mm）

（3）支座 2 底部非贯通纵筋 2 Φ 25

长度＝两端延伸长度＋柱宽＝$2 \times l_n/3 + h_c$
$$＝2 \times (8000-800)/3 + 800$$
$$＝5600(mm)$$

（4）支座 3 底部非贯通纵筋 2 Φ 25

长度＝自柱边缘向跨内的延伸长度＋（柱宽＋梁包柱侧腋－c）＋15d

$$自柱边缘向跨内的延伸长度＝l_n/3$$
$$＝(8000-800)/3$$
$$＝2400(mm)$$

长度＝自柱边缘向跨内的延伸长度＋（柱宽＋梁包柱侧腋－c）＋15d
$$＝2400＋(800＋50-25)＋15 \times 25$$
$$＝3600(mm)$$

【例 3-14】 JL01 平法施工图，如图 3-63 所示。求其贯通纵筋、非贯通纵筋及箍筋。

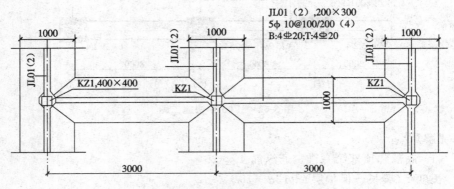

图 3-63 JL01 平法施工图

【解】

（本例中不计算加腋筋）

（1）底部贯通纵筋 4 Φ 20

长度＝梁长（含梁包柱侧腋）－2c＋2×15d

$$=(3000\times2+200\times2+50\times2)-2\times25+2\times15\times20$$
$$=7050(\text{mm})$$

（2）顶部贯通纵筋 4 ⊈ 20

长度＝梁长（含梁包柱侧腋）$-2c+2\times15d$
$$=(3000\times2+200\times2+50\times2)-2\times25+2\times15\times20$$
$$=7050(\text{mm})$$

（3）箍筋

1）外大箍筋长度＝$(b-2c)\times2+(h-2c)\times2+(1.9d+10d)\times2$
$$=(200-2\times25)\times2+(300-2\times25)\times2+2\times11.9\times10$$
$$=1038(\text{mm})$$

2）内小箍筋长度＝$[(b-2c-d+d_纵)/3+d_纵+d]\times2+(h-2c)\times2+(1.9d$
$$+10d)\times2$$
$$=[(200-2\times25-25-20)/3+25+20]\times2+(300-2\times25)$$
$$\times2+2\times11.9\times10$$
$$=898(\text{mm})$$

3）箍筋根数。

第一跨：

中间箍筋根数＝$(3000-200\times2-50\times2-100\times5\times2)/200-1$
$$=7(\text{根})（注：因两端有箍筋，故中间箍筋根数-1）$$

第一跨箍筋根数＝$5\times2+7=17(\text{根})$

第二跨箍筋根数同第一跨，为 17 根。

节点内箍筋根数＝$400/100=4(\text{根})$

（注：节点内箍筋与梁端箍筋连接，计算根数不加减）

JL01 箍筋总根数为：

外大箍筋根数＝$17\times2+4\times4=50(\text{根})$

内小箍筋根数＝50 根

【例 3-15】　TJP_P02 平法施工图，如图 3-64 所示。求其底部的受力筋及分布筋。

【解】

（1）受力筋 ⊈ 12@100

长度＝条形基础底板宽度$-2c$
$$=1000-2\times40$$
$$=920(\text{mm})$$

根数＝$(3000\times2-50+1000/4)/100+1$
$$=63(\text{根})$$

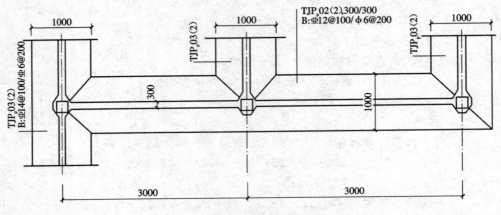

图 3-64　TJP_P 02 平法施工图

（2）分布筋 Φ 6@200

长度＝3000×2－2×500＋2×40＋2×150

　　　＝5380（mm）

单侧根数＝（500－150－2×100）/200＋1

　　　　＝2（根）

【例 3-16】　TJP_P 05 平法施工图，如图 3-65 所示。求其底部的受力筋及分布筋。

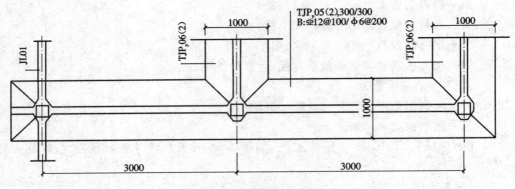

图 3-65　TJP_P 05 平法施工图

【解】

（1）受力筋 Φ 12@100

长度＝条形基础底板宽度－2c

　　　＝1000－2×40

　　　＝920（mm）

左端另一向交接钢筋长度＝1000－40

　　　　　　　　　　　＝960（mm）

端部无交接钢筋根数＝（3000×2＋500×2－2×50）/100＋1＝70（根）

左端另一向交接钢筋根数＝（1000－50）/100＋1

＝11（根）

根数＝70＋11＝81（根）

（2）分布筋Φ6@200

长度＝3000×2－2×500＋40＋2×150

＝5340（mm）

单侧根数＝（500－150－2×100）/200＋1

＝2（根）

4 筏形基础精识快算

4.1 筏形基础平法识图

筏形基础,又称为筏板基础或者满堂基础,一般用于高层建筑框架柱或剪力墙下。

筏形基础整体上可分为如下两类。

(1)梁板式筏形基础

1)定义:在筏形基础底板上沿柱轴纵横向设置基础梁,即形成梁板式筏形基础。

2)组成:梁板式筏形基础由基础主梁、基础次梁和基础平板组成。

基础主梁是具有框架柱插筋的基础梁。

基础次梁是以基础主梁为支座的基础梁。

基础平板是基础梁之间部分及外伸部分的平板。

3)分类:由于基础梁底面与基础平板底面标高高差不同,可将梁板式筏形基础分为"高板位"(梁顶与板顶一平)、"低板位"(梁底与板底一平)、"中板位"(板在梁的中部)。

(2)平板式筏形基础

1)定义:一块等厚度的钢筋混凝土平板。

2)组成:平板式筏形基础有两种组成形式,一是由柱下板带、跨中板带组成,二是不分板带,直接由基础平板组成。

柱下板带是含有框架柱插筋的板带。

跨中板带是相邻两柱下板带之间所夹着的那条板带。

基础平板是把整个筏形基础作为一块平板进行处理。

4.1.1 梁板式筏形基础平法识图

4.1.1.1 基础主梁与基础次梁的平面注写方式

1.集中标注

基础主梁 JL 与基础次梁 JCL 的集中标注内容包括基础梁编号、截面尺寸、配筋三项必注内容,以及基础梁底面标高高差(相对于筏形基础平板底面标高)一项选注内容。

（1）基础梁编号

基础梁的编号，见表 4-1。

表 4-1 梁板式筏形基础梁编号

构件类型	代号	序号	跨数及是否有外伸
基础主梁	JL	xx	（xx）或（xxA）或（xxB）
基础次梁	JCL		

注：① （xx）为端部无外伸，括号内的数字表示跨数，（xxA）为一端有外伸，（xxB）为两端有外伸，外伸不计入跨数。

② 梁板式筏形基础主梁与条形基础梁编号与钢筋构造一致。

（2）截面尺寸

注写方式为"$b \times h$"，表示梁截面宽度和高度，当为加腋梁时，注写方式为"$b \times h \ Y c_1 \times c_2$"，其中，$c_1$ 为腋长，c_2 为腋高。

（3）配筋

1）基础梁箍筋。

① 当采用一种箍筋间距时，注写钢筋级别、直径、间距与肢数（写在括号内）。

② 当采用两种箍筋时，用"/"分隔不同箍筋，按照从基础梁两端向跨中的顺序注写。先注写第 1 段箍筋（在前面加注箍数），在斜线后再注写第 2 段箍筋（不再加注箍数）。

2）基础梁的底部、顶部及侧面纵向钢筋。

① 以 B 打头，先注写梁底部贯通纵筋（不应少于底部受力钢筋总截面面积的 1/3）。当跨中所注根数少于箍筋肢数时，需要在跨中加设架立筋以固定箍筋，注写时，用加号"＋"将贯通纵筋与架立筋相联，架立筋注写在加号后面的括号内。

② 以 T 打头，注写梁顶部贯通纵筋值。注写时用分号"；"将底部与顶部纵筋分隔开。

③ 当梁底部或顶部贯通纵筋多于一排时，用斜线"/"将各排纵筋自上而下分开。

注：a. 基础主梁与基础次梁的底部贯通纵筋，可在跨中 1/3 净跨长度范围内采用搭接连接、机械连接或焊接。

b. 基础主梁与基础次梁的顶部贯通纵筋，可在距支座 1/4 净跨长度范围内采用搭接连接，或在支座附近采用机械连接或焊接（均应严格控制接头百分率）。

④ 以大写字母"G"打头，注写梁两侧面设置的纵向构造钢筋有总配筋值（当梁腹板高度 h_w 不小于 450 mm 时，根据需要配置）。

当需要配置抗扭纵向钢筋时，梁两个侧面设置的抗扭纵向钢筋以 N 打头。

注：a.当为梁侧面构造钢筋时，其搭接与锚固长度可取为15d。

b.当为梁侧面受扭纵向钢筋时，其锚固长度为l_a，搭接长度为l_1；其锚固方式同基础梁上部纵筋。

（4）基础梁底面标高高差

基础梁底面标高高差系指相对于筏形基础平板底面标高的高差值。

有高差时需将高差写入括号内（如"高板位"与"中板位"基础梁的底面与基础平板地面标高的高差值）。

无高差时不注（如"低板位"筏形基础的基础梁）。

2.原位标注

原位标注包括以下内容。

（1）梁端（支座）区域的底部全部纵筋

梁端（支座）区域的底部全部纵筋，系包括已经集中注写过的贯通纵筋在内的所有纵筋。

1）当梁端（支座）区域的底部纵筋多于一排时，用斜线"/"将各排纵筋自上而下分开。

【例4-1】 梁端（支座）区域底部纵筋注写为10 ⸤ 25 4/6，则表示上一排纵筋为4 ⸤ 25，下一排纵筋为6 ⸤ 25。

2）当同排有两种直径时，用加号"＋"将两种直径的纵筋相联。

3）当梁中间支座两边底部纵筋配置不同时，需在支座两边分别标注；当梁中间支座两边的底部纵筋相同时，只仅在支座的一边标注配筋值。

4）当梁端（支座）区域的底部全部纵筋与集中注写过的贯通纵筋相同时，可不再重复做原位标注。

5）加腋梁加腋部位钢筋，需在设置加腋的支座处以Y打头注写在括号内。

【例4-2】 加腋梁端（支座）处注写为Y4 ⸤ 25，表示加腋部位斜纵筋为4 ⸤ 25。

（2）基础梁的附加箍筋或（反扣）吊筋

将基础梁的附加箍筋或（反扣）吊筋直接画在平面图中的主梁上，用线引注总配筋值（附加箍筋的肢数注在括号内）。

当多数附加箍筋或（反扣）吊筋相同时，可在基础梁平法施工图上统一注明，少数与统一注明值不同时，再原位引注。

（3）外伸部位的几何尺寸

当基础梁外伸部位变截面高度时，在该部位原位注写$b \times h_1/h_2$，h_1为根部截面高度，h_2为尽端截面高度。

（4）修正内容

原则上，基础梁的集中标注的一切内容都可以在原位标注中进行修正，并且根据"原位标注取值优先"的原则，施工时应按原位标注数值取用。

原位标注的方式如下：

当在基础梁上集中标注的某项内容（如梁截面尺寸、箍筋、底部与顶部贯通纵筋或架立筋、梁侧面纵向构造钢筋、梁底面标高高差等）不适用于某跨或某外伸部分时，则将其修正内容原位标注在该跨或该外伸部位，施工时原位标注取值优先。

当在多跨基础梁的集中标注中已注明加腋，而该梁某跨根部不需要加腋时，则应在该跨原位标注等截面的 $b \times h$，以修正集中标注中的加腋信息。

3. 基础主梁标注识图

基础主梁 JL 标注示意，见图 4-1。

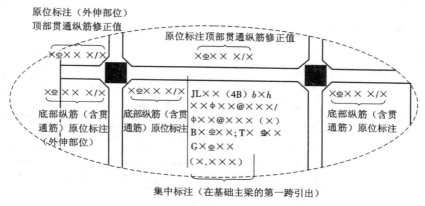

图 4-1 基础主梁 JL 标注图示

4. 基础次梁标注识图

基础次梁 JCL 标注示意，见图 4-2。

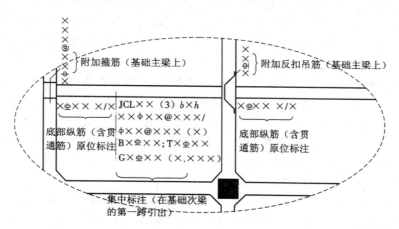

图 4-2 基础次梁 JCL 标注图示

4.1.1.2　梁板式筏形基础平板的平面注写方式

梁板式筏形基础平板 LPB 的平面注写,分板底部与顶部贯通纵筋的集中标注和板底附加非贯通纵筋的原位标注两部分内容。当仅设置贯通纵筋而未设置附加非贯通纵筋时,则仅做集中标注。

1. 板底部与顶部贯通纵筋的集中标注

梁板式筏形基础平板 LPB 的集中标注,应在所表达的板区双向均为第一跨(X 与 Y 双向首跨)的板上引出(图面从左至右为 X 向,从下至上为 Y 向)。

板区划分条件:板厚相同、基础平板底部与顶部贯通纵筋配置相同的区域为同一板区。

集中标注的内容如下。

(1)编号

梁板式筏形基础平板编号,见表 4-2。

表 4-2　梁板式筏形基础平板编号

构件类型	代号	序号	跨数及是否有外伸
基础平板	LPB	xx	(xx)或(xxA)或(xxB)

注:梁板式筏形基础平板跨数及是否有外伸分别在 X、Y 两向的贯通纵筋之后表达。图面从左至右为 X 向,从下至上为 Y 向。

(2)截面尺寸

注写方式为"$h=\mathrm{xxx}$",表示板厚。

(3)基础平板的底部与顶部贯通纵筋及其总长度

先注写 X 向底部(B 打头)贯通纵筋与顶部(T 打头)贯通纵筋及纵向长度范围;再注写 Y 向底部(B 打头)贯通纵筋与顶部(T 打头)贯通纵筋及纵向长度范围(图面从左至右为 X 向,从下至上为 Y 向)。

贯通纵筋的总长度注写在括号中,注写方式为"跨数及有无外伸",其表达形式为:(xx)(无外伸)、(xxA)(一端有外伸)或(xxB)(两端有外伸)。

注:基础平板的跨数以构成柱网的主轴线为准;两主轴线之间无论有几道辅助轴线(例如框筒结构中混凝土内筒中的多道墙体),均可按一跨考虑。

【例 4-3】　X:B ⊈ 22@150;T ⊈ 20@150;(5B)
　　　　　　Y:B ⊈ 20@200;T ⊈ 18@150;(7A)

表示基础平板 X 向底部配置⊈22、间距 150 的贯通纵筋,顶部配置⊈20、间距 150 的贯通纵筋,纵向总长度为 5 跨、两端有外伸;Y 向底部配置⊈20、间距 200 的贯通纵筋,顶部配置⊈18、间距 200 的贯通纵筋,纵向总长度为 7 跨、一端有外伸。

当贯通纵筋采用两种规格钢筋"隔一布一"方式时,表达为 xx/yy@×××,表示直径 xx 的钢筋和直径 yy 的钢筋之间的间距为×××,直径为 xx 的钢筋、直径为 yy 的钢筋间距分别为×××的 2 倍。

2. 板底附加非贯通纵筋的原位标注

（1）原位注写位置及内容

板底部原位标注的附加非贯通纵筋,应在配置相同的第一跨表达(当在基础梁悬挑部位单独配置时则在原位表达)。在配置相同跨的第一跨(或基础梁外伸部位),垂直于基础梁,绘制一段中粗虚线(当该筋通长设置在外伸部位或短跨板下部时,应画至对边或贯通短跨),在虚线上注写编号(如①、②等)、配筋值、横向布置的跨数及是否布置到外伸部位。

板底部附加非贯通纵筋向两边跨内的伸出长度值注写在线段的下方位置。当该筋向两侧对称伸出时,可仅在一侧标注,另一侧不注;当布置在边梁下时,向基础平板外伸部位一侧的伸出长度与方式按标准构造,设计不注。底部附加非贯通筋相同者,可仅注写一处,其他只注写编号。

横向连续布置的跨数及是否布置到外伸部位,不受集中标注贯通纵筋的板区限制。

原位注写的底部附加非贯通纵筋与集中标注的底部贯通钢筋,宜采用"隔一布一"的方式布置,即基础平板(X 向或 Y 向)底部附加非贯通纵筋与贯通纵筋间隔布置,其标注间距与底部贯通纵筋相同(两者实际组合后的间距为各自标注间距的 1/2)。

（2）注写修正内容

当集中标注的某些内容不适用于梁板式筏形基础平板某板区的某一板跨时,应由设计者在该板跨内注明,施工时应按注明内容取用。

（3）当若干基础梁下基础平板的底部附加非贯通纵筋配置相同时

当若干基础梁下基础平板的底部附加非贯通纵筋配置相同时(其底部、顶部的贯通纵筋可以不同),可仅在一根基础梁下做原位注写,并在其他梁上注明"该梁下基础平板底部附加非贯通纵筋同 xx 基础梁"。

3. 梁板式筏形基础平板标注识图

梁板式筏形基础平板标注识图,见图 4-3。

4. 应在图中注明的其他内容

除了上述集中标注与原位标注,还有一些内容,需要在图中注明,包括:

1）当在基础平板周边沿侧面设置纵向构造钢筋时,应在图中注明。

2）应注明基础平板外伸部位的封边方式,当采用 U 形钢筋封边时应注明其规格、直径及间距。

3）当基础平板外伸变截面高度时,应注明外伸部位的 h_1/h_2,h_1 为板根部截面高度,h_2 为板尽端截面高度。

4）当基础平板厚度大于 2 m 时,应注明具体构造要求。

5）当在基础平板外伸阳角部位设置放射筋时,应注明放射筋的强度等级、直

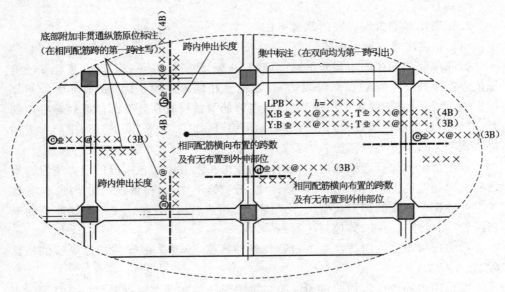

图 4-3　LPB 标注图示

径、根数以及设置方式等。

　　6）当在板的分布范围内采用拉筋时，应注明拉筋的强度等级、直径、双向间距等。

　　7）应注明混凝土垫层厚度与强度等级。

　　8）结合基础主梁交叉纵筋的上下关系，当基础平板同一层面的纵筋相交叉时，应注明何向纵筋在下，何向纵筋在上。

　　9）设计需注明的其他内容。

4.1.2　平板式筏形基础平法识图

4.1.2.1　柱下板带、跨中板带的平面注写方式

1. 集中标注

　　柱下板带与跨中板带的集中标注，主要内容是注写板带底部与顶部贯通纵筋的，应在第一跨（X 向为左端跨，Y 向为下端跨）引出，具体内容如下。

　　（1）编号

　　柱下板带、跨中板带编号，见表 4-3。

表 4-3 柱下板带、跨中板带编号

构件类型	代号	序号	跨数及有无外伸
柱下板带	ZXB	xx	（xx）或（xxA）或（xxB）
跨中板带	KZB	xx	（xx）或（xxA）或（xxB）

注：① （xxA）为一端有外伸，（xxB）为两端有外伸，外伸不计入跨数。

② 平板式筏形基础平板，其跨数及是否有外伸分别在 X、Y 两向的贯通纵筋之后表达。图面从左至右为 X 向，从下至上为 Y 向。

（2）截面尺寸

注写方式为"$b=xxxx$"，表示板带宽度（在图注中注明基础平板厚度）。

【例 4-4】 ZXB1（7B） $b=2000$

表示柱下板带 ZXB1 的宽度为 2000，厚度为图纸中同一注明的厚度（例如 $h=400$）。

（3）底部与顶部贯通纵筋

注写底部贯通纵筋（B 打头）与顶部贯通纵筋（T 打头）的规格与间距，用分号"；"将其分隔开。柱下板带的柱下区域，通常在其底部贯通纵筋的间隔内插空设有（原位注写的）底部附加非贯通纵筋。

【例 4-5】 B 坐 22@300；T 坐 25@150 表示板带底部配置坐 22、间距 300 的贯通纵筋，板带顶部配置坐 25、间距 150 的贯通纵筋。

注：a. 柱下板带与跨中板带的底部贯通纵筋，可在跨中 1/3 净跨长度范围内采用搭接连接、机械连接或焊接。

b. 柱下板带及跨中板带的顶部贯通纵筋，可在柱网轴线附近 1/4 净跨长度范围内采用搭接连接、机械连接或焊接。

2. 原位标注

柱下板带与跨中板带的原位标注的主要内容是注写底部附加非贯通纵筋。具体内容如下。

（1）注写内容

以一段与板带同向的中粗虚线代表附加非贯通纵筋。柱下板带：贯穿其柱下区域绘制。跨中板带：横贯柱中线绘制。在虚线上注写底部附加非贯通纵筋的编号（如①、②等）、钢筋级别、直径、间距，以及自柱中线分别向两侧跨内的伸出长度值。当向两侧对称伸出时，长度值可仅在一侧标注，另一侧不注。

外伸部位的伸出长度与方式按标准构造，设计不注。对同一板带中底部附加非贯通筋相同者，可仅在一根钢筋上注写，其他可仅在中粗虚线上注写编号。

【例 4-6】 平板式筏形基础 X 方向上柱下板带 ZXB2（7B）。在第一跨上标注了底部附加非贯通纵筋① 坐 22@300，并且在柱中心线的上侧表示钢筋的虚线下面标注数字 1800。但是，在柱中心线的下侧没有标注该底部附加非贯通纵筋的数据。

【解】

根据"对称配筋原理",可得柱中心线的下侧的①号底部附加非贯通纵筋的长度也是 1800 mm。

从而可计算出这根附加非贯通纵筋的长度:

钢筋长度＝1800＋1800＝3600(mm)

原位注写的底部附加非贯通纵筋与集中标注的底部贯通纵筋,宜采用"隔一布一"的方式布置,即柱下板带或跨中板带底部附加纵筋与贯通纵筋交错插空布置,其标注间距与底部贯通纵筋相同(两者实际组合后的间距为各自标注间距的1/2)。

当跨中板带在轴线区域不设置底部附加非贯通纵筋时,则不做原位注写。

(2) 修正内容

当在柱下板带、跨中板带上集中标注的某些内容(如截面尺寸、底部与顶部贯通纵筋等)不适用于某跨或某外伸部分时,则将修正的数值原位标注在该跨或该外伸部位,施工时原位标注取值优先。

注:对于支座两边不同配筋值的(经注写修正的)底部贯通纵筋,应按较小一边的配筋值选配相同直径的纵筋贯穿支座,较大一边的配筋差值选配适当直径的钢筋锚入支座,避免造成两边大部分钢筋直径不相同的不合理配置结果。

3. 柱下板带标注识图

柱下板带标注示意,见图 4-4。

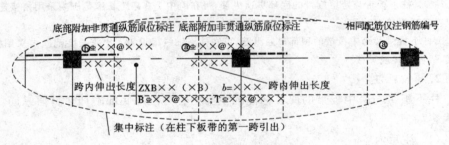

图 4-4　柱下板带标注图示

4. 跨中板带标注识图

跨中板带标注示意,见图 4-5。

4.1.2.2　平板式筏形基础平板的平面注写方式

平板式筏形基础平板 BPB 的平面注写,分板底部与顶部贯通纵筋的集中标注与板底部附加非贯通纵筋的原位标注两部分内容。当仅设置底部与顶部贯通纵筋而未设置底部附加非贯通纵筋时,则仅做集中标注。

1. 集中标注

平板式筏形基础平板 BPB 的集中标注的主要内容为注写板底部与顶部贯通

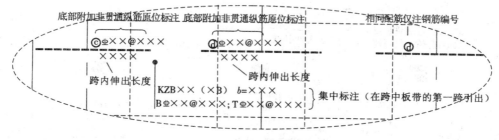

图 4-5　跨中板带标注图示

纵筋。

当某向底部贯通纵筋或顶部贯通纵筋的配置,在跨内有两种不同间距时,先注写跨内两端的第一种间距,并在前面加注纵筋根数(以表示其分布的范围);再注写跨中部的第二种间距(不需加注根数);两者用"/"分隔。

2. 原位标注

平板式筏形基础平板 BPB 的原位标注,主要表达横跨柱中心线下的底部附加非贯通纵筋。内容如下。

(1)原位注写位置及内容

在配置相同的若干跨的第一跨下,垂直于柱中线绘制一段中粗虚线代表底部附加非贯通纵筋,在虚线上注写编号(如①、②等)、配筋值、横向布置的跨数及是否布置到外伸部位。

当柱中心线下的底部附加非贯通纵筋(与柱中心线正交)沿柱中心线连续若干跨配置相同时,则在该连续跨的第一跨下原位注写,且将同规格配筋连续布置的跨数注写在括号内;当有些跨配置不同时,则应分别原位注写。外伸部位的底部附加非贯通纵筋应单独注写(当与跨内某筋相同时仅注写钢筋编号)。

当底部附加非贯通纵筋横向布置在跨内有两种不同间距的底部贯通纵筋区域时,其间距应分别对应为两种,其注写形式应与贯通纵筋保持一致,即先注写跨内两端的第一种间距,并在前面加注纵筋根数;再注写跨中部的第二种间距(不需加注根数);两者用"/"分隔。

(2)当某些柱中心线下的基础平板底部附加非贯通纵筋横向配置相同时

当某些柱中心线下的基础平板底部附加非贯通纵筋横向配置相同时(其底部、顶部的贯通纵筋可以不同),可仅在一条中心线下做原位注写,并在其他柱中心线上注明"该柱中心线下基础平板底部附加非贯通纵筋同 xx 柱中心线"。

3. 平板式筏形基础平板标注识图

平板式筏形基础平板标注示意,见图 4-6。

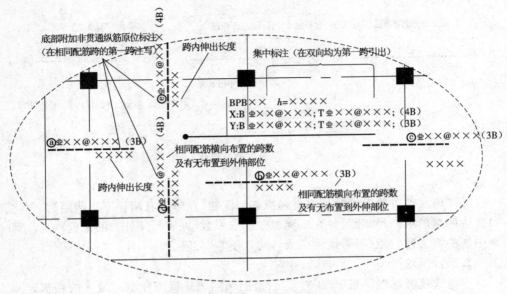

图 4-6　平板式筏形基础平板标注图示

4.2　筏形基础钢筋识图

4.2.1　梁板式筏形基础底板钢筋的连接位置

1. 梁板式筏形基础平板 LPB 钢筋连接位置（基础梁板底平）

基础梁板底平时，梁板式筏形基础平板 LPB 钢筋连接位置如图 4-7 所示。

2. 梁板式筏形基础平板 LPB 钢筋连接位置（基础梁板顶平）

基础梁板顶平时，梁板式筏形基础平板 LPB 钢筋连接位置如图 4-8 所示。

支座两侧的钢筋应协调配置，当两侧配筋直径相同而根数不同时，应将配筋小的一侧的钢筋全部穿过支座，配筋大的一侧的多余钢筋至少伸至支座对边内侧，锚固长度为 l_a，当支座内长度不能满足时，则将多余的钢筋伸至对侧板内，以满足锚固长度要求。l_n 为板的净跨度。

4.2.2　梁板式筏形基础底板纵向钢筋排布构造

梁板式筏形基础底板纵向钢筋排布构造如图 4-9 所示。

4.2.3　梁板式筏形基础平板端部钢筋排布构造

1. 梁板式筏形基础平板外伸端部钢筋排布构造

（1）端部等截面外伸钢筋排布构造

端部等截面外伸钢筋排布构造如图 4-10 所示。

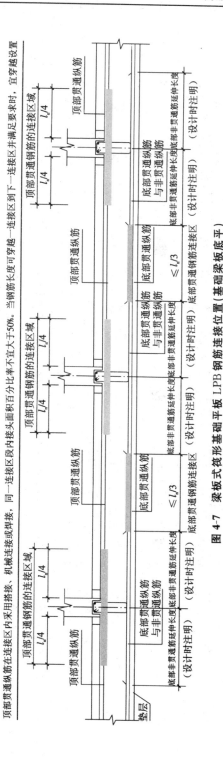

图 4-7 梁板式筏形基础平板 LPB 钢筋连接位置（基础梁板底平）

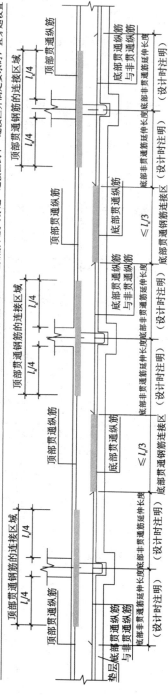

图 4-8 梁板式筏形基础平板 LPB 钢筋连接位置（基础梁板顶平）

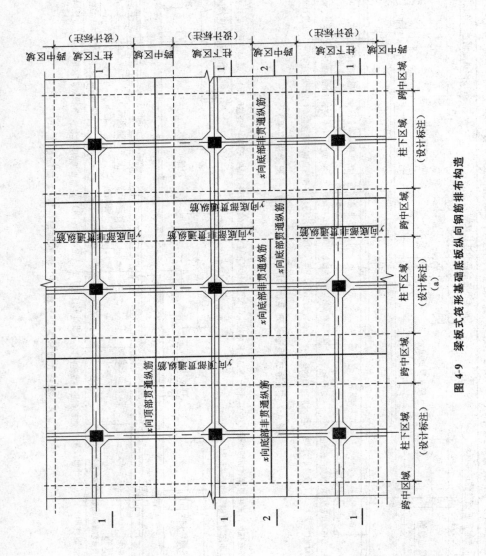

图 4-9 梁板式筏形基础底板纵向钢筋排布构造

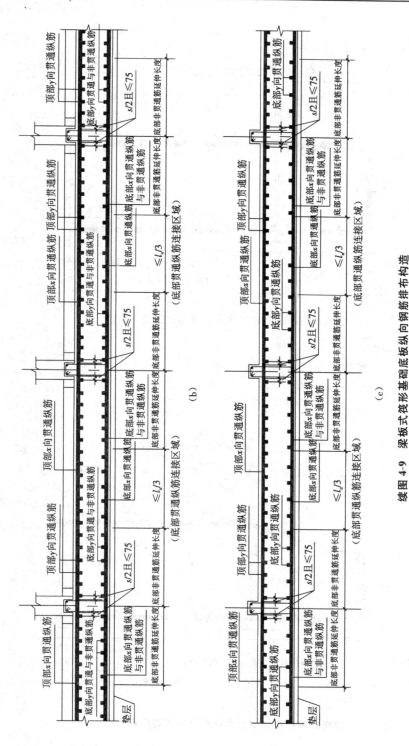

续图 4-9 梁板式筏形基础底板纵向钢筋排布构造

(a) 梁板式筏形基础底板纵向钢筋排布构造平面图；(b) 1—1（柱下区域）剖面图；(c) 1—1（跨中区域）剖面图

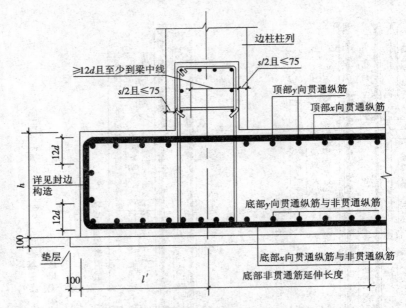

图 4-10　梁板式筏形基础端部等截面外伸钢筋排布构造

（2）端部变截面外伸钢筋排布构造

端部变截面外伸钢筋排布构造如图 4-11 所示。

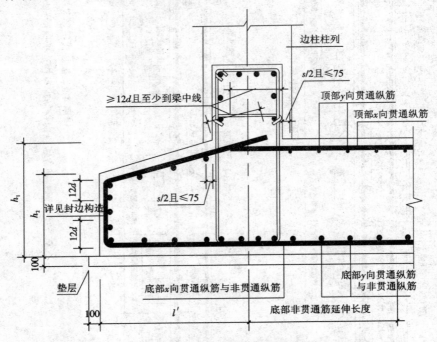

图 4-11　梁板式筏形基础端部变截面外伸钢筋排布构造

上述(1)～(2)构造要点概括如下:

1)基础平板同一层面的交叉钢筋,何向钢筋在上,何向钢筋在下,应按具体设计说明。当设计未作说明时,应按板跨长度将短跨方向的钢筋置于板厚外侧,另一方向的钢筋置于板厚内侧。

2)当基础板厚大于 2000 mm 时,宜在板厚中间部位设置与板面平行的构造钢筋网片,其钢筋直径不宜小于 12 mm,间距不大于 300 mm。

2. 梁板式筏形基础平板无外伸端部钢筋排布构造

梁板式筏形基础平板无外伸端部钢筋排布构造如图 4-12 所示。

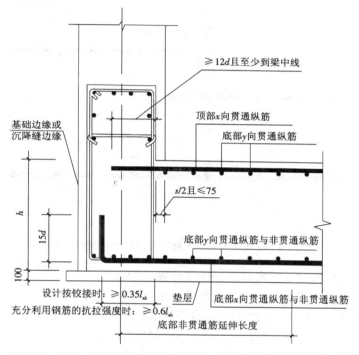

图 4-12 梁板式筏形基础平板无外伸端部钢筋排布构造

其构造要点概括如下:

1)基础平板同一层面的交叉钢筋,何向钢筋在上,何向钢筋在下,应按具体设计说明。当设计未作说明时,应按板跨长度将短跨方向的钢筋置于板厚外侧,另一方向的钢筋置于板厚内侧。

2)当基础板厚大于 2000 mm 时,宜在板厚中间部位设置与板面平行的构造钢筋网片,其钢筋直径不宜小于 12 mm,间距不大于 300 mm。

4.2.4　梁板式筏形基础平板变截面部位钢筋排布构造

1.板顶有高差时平板变截面部位钢筋排布构造

板顶有高差时平板变截面部位钢筋排布构造如图 4-13 所示。

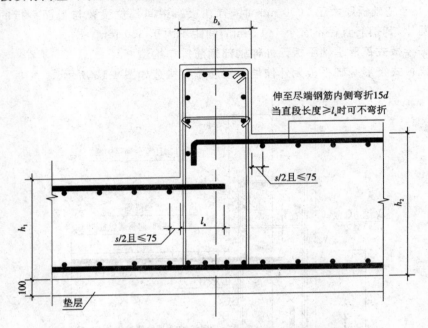

图 4-13　板顶有高差时平板变截面部位钢筋排布构造

2.板底有高差时平板变截面部位钢筋排布构造

板底有高差时平板变截面部位钢筋排布构造如图 4-14 所示。

3.板顶、板底均有高差时平板变截面部位钢筋排布构造

板顶、板底均有高差时平板变截面部位钢筋排布构造如图 4-15 所示。

上述 1～3 构造要点概括如下:

1) 基础平板同一层面的交叉钢筋,何向钢筋在上,何向钢筋在下,应按具体设计说明。当设计未作说明时,应按板跨长度将短跨方向的钢筋置于板厚外侧,另一方向的钢筋置于板厚内侧。

2) 当基础板厚大于 2000 mm 时,宜在板厚中间部位设置与板面平行的构造钢筋网片,其钢筋直径不宜小于 12 mm,间距不大于 300 mm。

3) 板底台阶可为 45°或按设计。

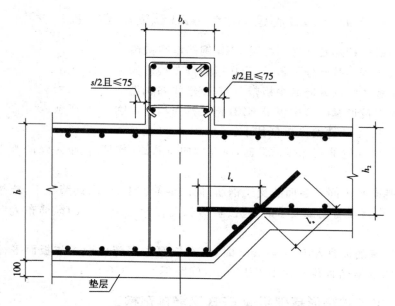

图 4-14　板底有高差时平板变截面部位钢筋排布构造

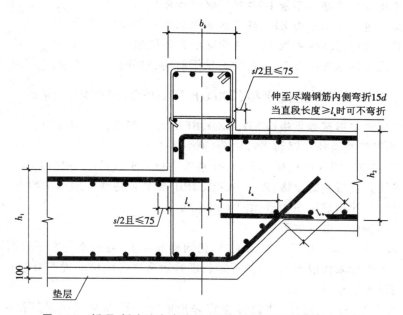

图 4-15　板顶、板底均有高差时平板变截面部位钢筋排布构造

4.2.5　柱下板带 ZXB 和跨中板带 KZB 钢筋排布构造

1. 平板式筏形基础柱下板带 ZXB 钢筋排布构造

平板式筏形基础柱下板带 ZXB 钢筋排布构造如图 4-16 所示。

2. 平板式筏形基础跨中板带 KZB 钢筋排布构造

平板式筏形基础跨中板带 KZB 钢筋排布构造如图 4-17 所示。

上述 1～2 构造要点概括如下:

1) 不同配置的底部贯通纵筋,应在两向毗邻跨中配置较小一跨的跨中连接区域连接。

2) 基础平板同一层面的交叉钢筋,何向钢筋在上,何向钢筋在下,应按具体设计说明。设计没有明确要求时,应按板跨长度将沿短跨方向的纵筋布置在厚度方向外侧。

3) 当基础板厚大于 2000 mm 时,宜在板厚中间部位设置与板面平行的构造钢筋网片,其钢筋直径不宜小于 12 mm,间距不大于 300 mm。

4.2.6　平板式筏形基础平板 BPB 钢筋排布构造

1. 平板式筏形基础平板 BPB 柱下区域钢筋构造

平板式筏形基础平板 BPB 柱下区域钢筋构造如图 4-18 所示。

2. 平板式筏形基础平板 BPB 跨中区域钢筋构造

平板式筏形基础平板 BPB 跨中区域钢筋构造如图 4-19 所示。

4.2.7　平板式筏形基础平板(ZXD、KZD、BPB)钢筋排布构造

1. 平板式筏形基础平板(ZXD、KZD、BPB)外伸部位钢筋排布构造

1) 端部等截面外伸钢筋排布构造(见图 4-20)。

2) 端部变截面外伸钢筋排布构造(基础底板一平)(见图 4-21)。

2. 平板式筏形基础平板(ZXD、KZD、BPB)无外伸边缘钢筋排布构造

端部无外伸钢筋排布构造如图 4-22 所示。

上述构造要点概括如下:

1) 基础平板同一层面的交叉钢筋,何向钢筋在上,何向钢筋在下,应按具体设计说明。当设计未作说明时,应按板跨长度将短跨方向的钢筋置于板厚外侧,另一方向的钢筋置于板厚内侧。

2) 端部无外伸构造中,当设计指定采用墙外侧纵筋与底板纵筋搭接的做法时,基础底板下面的钢筋弯折段应伸至基础顶面标高处,做法详见 1.9 节。

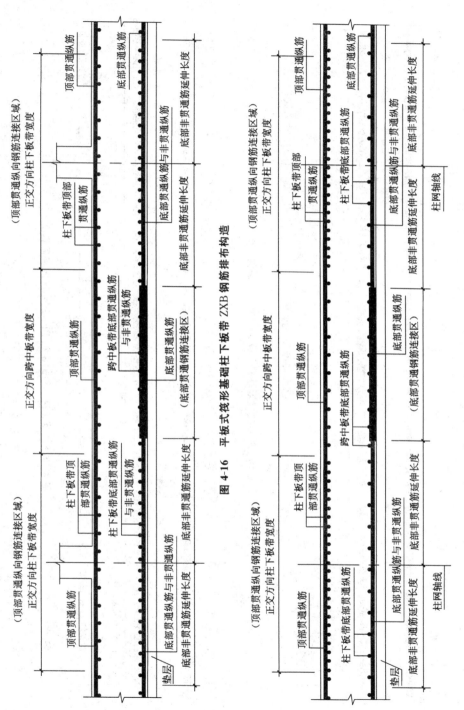

图 4-16　平板式筏形基础柱下板带 ZXB 钢筋排布构造

图 4-17　平板式筏形基础跨中板带 KZB 钢筋排布构造

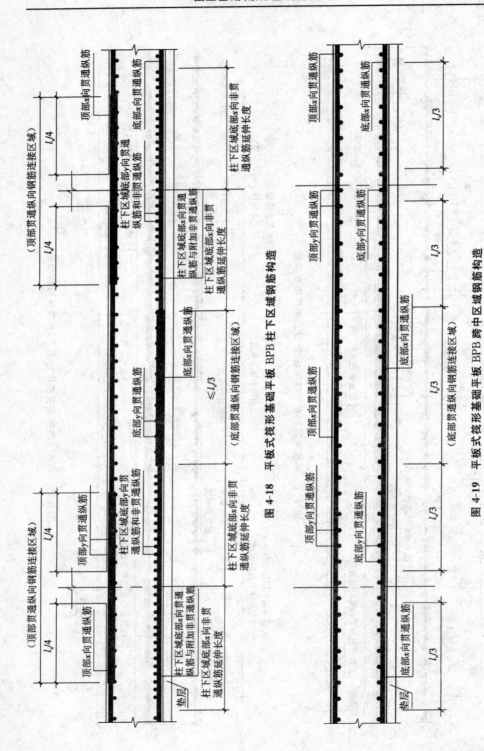

图 4-18 平板式筏形基础平板 BPB 柱下区域钢筋构造

图 4-19 平板式筏形基础平板 BPB 跨中区域钢筋构造

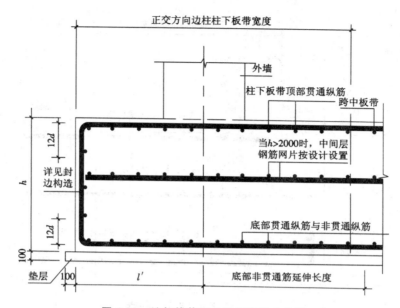

图 4-20 端部等截面外伸钢筋排布构造

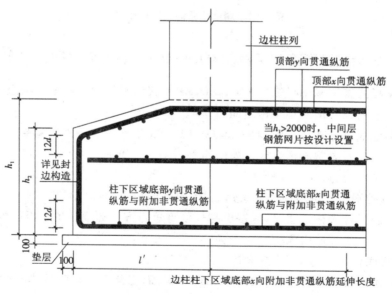

图 4-21 端部变截面外伸钢筋排布构造(基础底板一平)

注:跨中底部无非贯通纵筋

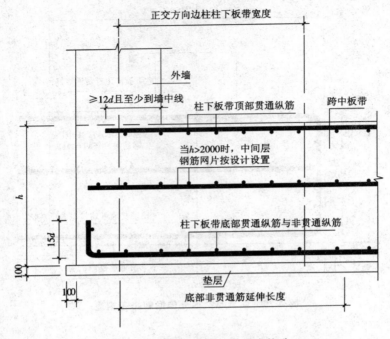

图 4-22　端部无外伸钢筋排布构造

4.2.8　平板式筏形基础平板(ZXD、KZD、BPB)不平时钢筋排布构造

1.平板式筏形基础平板(ZXD、KZD、BPB)顶面不平时钢筋排布构造

板顶有高差时钢筋排布构造如图 4-23 所示。

2.平板式筏形基础平板(ZXD、KZD、BPB)底不平时钢筋排布构造

板底有高差时钢筋排布构造如图 4-24 所示。

上述 1～2 构造要点概括如下:

1)基础平板同一层面的交叉钢筋,何向钢筋在上,何向钢筋在下,应按具体设计说明。当设计未作说明时,应按板跨长度将短跨方向的钢筋置于板厚外侧,另一方向的钢筋置于板厚内侧。

2)板底台阶可为 45°或按设计。

3.平板式筏形基础平板(ZXD、KZD、BPB)顶、底均不平时钢筋排布构造

板顶、板底有高差时钢筋排布构造如图 4-25 所示。

其构造要点概括如下:

1)基础平板同一层面的交叉钢筋,何向钢筋在上,何向钢筋在下,应按具体设计说明。当设计未作说明时,应按板跨长度将短跨方向的钢筋置于板厚外侧,另一方向的钢筋置于板厚内侧。

2）板底台可为 45°或按设计。

3）封边钢筋也可采用 HRB400 钢筋。

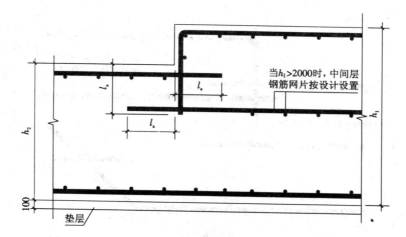

图 4-23　板顶有高差时钢筋排布构造

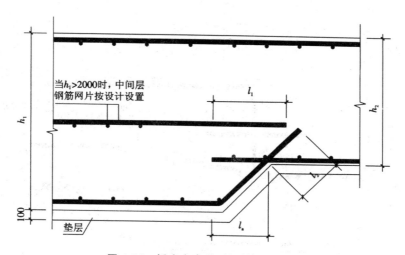

图 4-24　板底有高差时钢筋排布构造

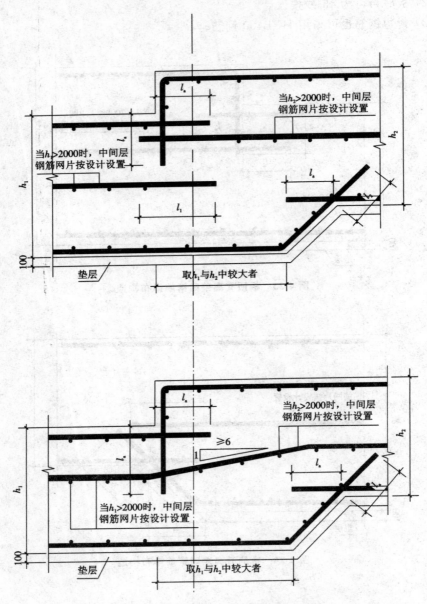

图 4-25　板顶、板底有高差时钢筋排布构造

4.2.9　平板式筏形基础平板(ZXD、KZD、BPB)封边钢筋排布构造

基础筏板(ZXB、KZB、BPB)封边钢筋排布构造如图 4-26 所示。

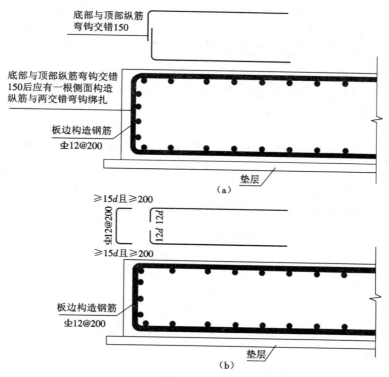

图 4-26 基础筏板(ZXB、KZB、BPB)封边钢筋排布构造

(a)纵筋弯钩交错封边方式;(b)U形筋构造封边方式

4.3 筏形基础钢筋快算

【例 4-7】 梁板式筏形基础平板在 X 方向上有 7 跨,而且两端有外伸。

在 X 方向的第一跨上有集中标注:

LPB1 $h=400$ mm

X:B Φ 14@300;T Φ 14@300;(4A)

Y:略

在 X 方向的第五跨上有集中标注:

LPB2 $h=400$ mm

X:B Φ 12@300;T Φ 12@300;(4A)

Y:略

在第一跨标注了底部附加非贯通纵筋①Φ 14@300(4A);

在第五跨标注了底部附加非贯通纵筋②Φ 14@300(3A)。

原位标注的底部附加非贯通纵筋跨内伸出长度为 1800 mm。

基础平板 LPB3 每跨的轴线跨度均为 5000 mm，两端的伸出长度为 1000 mm。混凝土强度等级为 C20。

求 LPB 底部贯通纵筋及其搭接长度。

【解】

1）（第五跨）底部贯通纵筋连接区长度＝5000－1800－1800＝1400（mm）

底部贯通纵筋连接区的起点为非贯通纵筋的端点，即（第五跨）底部贯通纵筋连接区的起点是⑤号轴线以右 1800 mm 处。

2）第一跨至第四跨的底部贯通纵筋①Φ14 钢筋越过第四跨与第五跨的分界线（⑤号轴线）以右 1800 mm 处，伸入第五跨的跨中连接区与第五跨的底部贯通纵筋②Φ12 进行搭接。

3）搭接长度的计算。

①Φ14 钢筋与②Φ12 钢筋的搭接长度

$$l_l = 1.4 \times l_a$$
$$= 1.4 \times 39d$$
$$= 1.4 \times 39 \times 12$$
$$= 655(\text{mm})$$

4）外伸部位的贯通纵筋长度＝1000－40＝960（mm）

5）①Φ14 钢筋的长度：

第一个搭接点位置钢筋长度＝960＋5000×4＋1800＋655
$$= 23\ 415(\text{mm})$$

第二个搭接点位置钢筋长度＝23 415＋1.3l_l
$$= 23\ 415 + 1.3 \times 655$$
$$= 24\ 267(\text{mm})$$

6）②Φ12 钢筋的长度：

钢筋长度 1 ＝1400＋1800＋5000×2＋960
$$= 14\ 160(\text{mm})$$

钢筋长度 2＝14 160－850＝13 310（mm）

【例 4-8】 JL04 平法施工图，如图 4-27 所示，计算其钢筋情况（本例中不计算加腋筋）。

【解】

（1）计算参数

1）保护层厚度 $c = 30$ mm

2）$l_a = 30d$

3）肢箍长度计算公式：

$$2(b - 2c + d) + 2(h - 2c + d) + 2(1.9d + 10d)$$

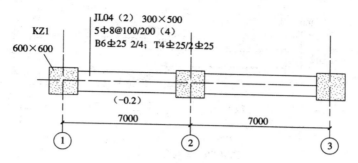

图 4-27　JL04 平法施工图

4）箍筋起步距离＝50 mm

（2）钢筋计算过程

1）1 号筋（第一跨底部及顶部第一排贯通纵筋）4 Φ 25：

计算简图，如图 4-28 所示。

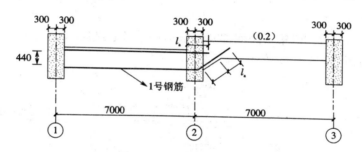

图 4-28　1 号筋计算简图

计算过程：

上段长度＝$7000-300+l_a+300-c$

$\qquad$＝$7000-300+30\times25+300-30$

$\qquad$＝7720（mm）

侧段长度＝$500-60=440$（mm）

下段长度＝$7000+2\times300-2c+\sqrt{200^2+200^2}+l_a$

$\qquad$＝$7000+2\times300-2\times30+\sqrt{200^2+200^2}+30\times25=8573$（mm）

总长＝$7720+440+8573=16\ 733$（mm）

接头个数＝1 个

2）2 号筋 2 Φ 25（第一跨底部及顶部第二排贯通纵筋）：

计算简图，如图 4-29 所示。

计算过程：

上段长度＝$7000-300+l_a+300-c$

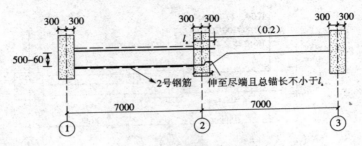

图 4-29 2号筋计算简图

$$=7000-300+30\times25+300-30$$

$$=7720(\text{mm})$$

侧段长度 $=500-60=440(\text{mm})$

下段长度 $=7000-c+\max(l_a,h_c)=7000-30+30\times25=7720(\text{mm})$

总长 $=7720+440+7720=15\,880(\text{mm})$

接头个数 $=1$ 个

3）3号筋 4 ⊈ 25（第二跨底部及顶部第一排贯通纵筋）：

计算简图，如图 4-30 所示。

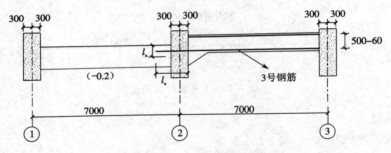

图 4-30 3号筋计算简图

计算过程：

上段长度 $=7000+600-2c+200+l_a$

$\qquad=7000+600-2\times30+200+30\times25$

$\qquad=8490(\text{mm})$

侧段长度 $=500-60=440(\text{mm})$

下段长度 $=7000-c+l_a$

$\qquad=7000-30+30\times25$

$\qquad=7720(\text{mm})$

总长 $=8490+440+7720=16\,650(\text{mm})$

接头个数 $=1$ 个

4) 4 号筋 2 Φ 25（第二跨底部及顶部第二排贯通纵筋）：

计算简图,如图 4-31 所示。

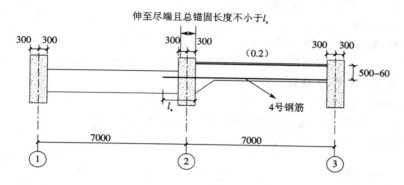

图 4-31 4 号筋计算简图

计算过程：

上段长度 $=7000-c+\max(h_c,l_a)$

$=7000-30+30\times25$

$=7720(\mathrm{mm})$

侧段长度 $=500-60=440(\mathrm{mm})$

下段长度 $=7000-c+l_a$

$=7000-30+30\times25$

$=7720(\mathrm{mm})$

总长 $=7720+440+7720=15\,880(\mathrm{mm})$

接头个数 $=1($ 个 $)$

【例 4-9】 JL05 平法施工图,如图 4-32 所示,计算第二跨宽出部位的底部及顶部纵向钢筋。

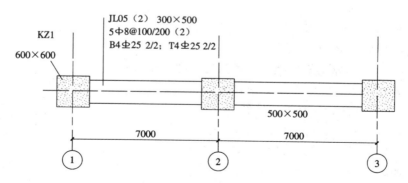

图 4-32 JL05 平法施工图

【解】

(1) 计算参数

1) 保护层厚度 $c=30$ mm

2) $l_a=30d$

3) 双肢箍长度计算公式：

$$2(b-2c+d)+2(h-2c+d)+2(1.9d+10d)$$

4) 箍筋起步距离$=50$ mm

(2) 钢筋计算过程

1) 1号钢筋（宽出部位底部及顶部第一排纵向钢筋）：

示意简图，如图4-33所示。

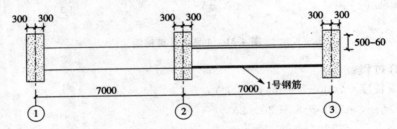

图4-33 1号钢筋示意简图

计算过程：

上段长度$=7000+600-2c$

$\qquad =7000+600-60$

$\qquad =7540$(mm)

侧段长度$=500-60=440$(mm)

下段长度$=7000+600-2c$

$\qquad =7000+600-60$

$\qquad =7540$(mm)

总长$=7540+2\times440+7540=15\,960$(mm)

接头个数$=1$个

2) 2号钢筋（宽出部位底部及顶部第二排纵向钢筋）：

上段长度$=7000-c+\max(h_c,l_a)$

$\qquad =7000-30+30\times25$

$\qquad =7720$(mm)

侧段长度$=500-60=440$(mm)

下段长度$=7000-c+\max(h_c,l_a)$

$\qquad =7000-30+30\times25$

$\qquad =7720$(mm)

总长＝7720＋440＋7720＝15 880(mm)

接头个数＝1个

【例 4-10】 梁板式筏形基础平板 LPB01 每跨的轴线跨度为 5000 mm,该方向布置的底部贯通纵筋为 Φ 14 @ 150,两端的基础梁 JL01 的截面尺寸为 500 mm×900 mm,纵筋直径为 25 mm,基础梁的混凝土强度等级为 C25。求基础平板 LPB01 每跨的底部贯通纵筋根数。

【解】

梁板式筏形基础平板 LPB01 每跨的轴线跨度为 5000 mm,也就是说,两端基础梁 JL01 中心线之间的距离是 5000 mm。

两端基础梁 JL01 的净距＝5000－250×2＝4500(mm)

底部贯通纵筋根数＝4500/150＝30(根)

【例 4-11】 梁板式筏形基础平板 LPB02 每跨的轴线跨度为 5000 mm,该方向原位标注的基础平板底部附加非贯通纵筋为③Φ 20@300(3),而在该 3 跨范围内集中标注的底部贯通纵筋为 B Φ 20@300;两端的基础梁 JL01 的截面尺寸为 500 mm×900 mm,纵筋直径为 25 mm,基础梁的混凝土强度等级为 C25。求基础平板 LPB02 每跨的底部贯通纵筋和底部附加非贯通纵筋的根数。

【解】

原位标注的基础平板底部附加非贯通纵筋为③Φ 20@300(3),而在该 3 跨范围内集中标注的底部贯通纵筋为 B Φ 20@300,这样就形成了"隔一布一"的布筋方式。该 3 跨实际横向设置的底部纵筋合计为 Φ 20@150。

梁板式筏形基础平板 LPB02 每跨的轴线跨度为 5000 mm,也就是说,两端基础梁 JL01 中心线之间的距离是 5000 mm。

则两端基础梁 JL01 的净距＝5000－250×2＝4500(mm)

底部贯通纵筋和底部附加非贯通纵筋的总根数＝4500/150＝30(根)

我们可以这样来布置底部纵筋:

底部贯通纵筋 16 根,底部附加非贯通纵筋 15 根。

之所以这样做,是考虑到该板区的两端都必须为贯通纵筋,两根贯通纵筋中间布置一根非贯通纵筋。

【例 4-12】 JCL06 平法施工图,如图 4-34 所示,计算其钢筋情况。

【解】

(1)顶部贯通纵筋 2 Φ 25

长度＝净长＋两端锚固

锚固长度＝max($0.5h_c$,12d)

　　　　＝max(0.5×600,12×25)

　　　　＝300(mm)

长度＝8000×3－600＋2×300＝24 000(mm)

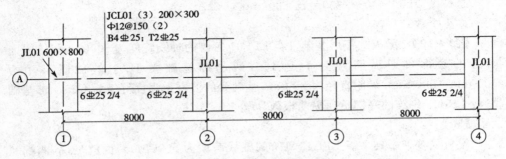

图 4-34 JCL06 平法施工图

（2）底部贯通纵筋 4 Φ 25

长度＝净长＋两端锚固

锚固长度 $l_a = 29 \times 25 = 725$(mm)

长度＝$8000 \times 3 - 600 + 2 \times 725 = 24\,850$(mm)

（3）支座 1、4 底部非贯通纵筋 2 Φ 25

长度＝支座锚固长度＋支座外延伸长度＋支座宽度

锚固长度＝$15d$

     $= 15 \times 25$

     $= 375$(mm)

支座向跨内伸长度＝$l_n/3$

        $= (8000 - 600)/3$

        $= 2467$(mm)（b_b 为支座宽度）

长度＝$375 + 2467 + 600 = 3442$(mm)

（4）支座 2、3 底部非贯通纵筋 2 Φ 25

长度＝$2 \times$ 延伸长度＋支座宽度

  $= 2 \times l_n/3 + h_b$

  $= 2 \times (8000 - 600)/3 + 600$

  $= 5533$(mm)

（5）箍筋长度

长度＝$2 \times [(200 - 50) + (300 - 50)] + 2 \times 11.9 \times 12 = 1086$(mm)

（6）箍筋根数

三跨总根数＝$3 \times [(7400 - 100)/150 + 1]$

      $= 149$(根)（基础次梁箍筋只布置在净跨内，支座内不布置箍筋）

【例 4-13】 JL02 平法施工图，如图 4-35 所示，计算其钢筋情况。

【解】

本例只计算底部多出的 2 根贯通纵筋。

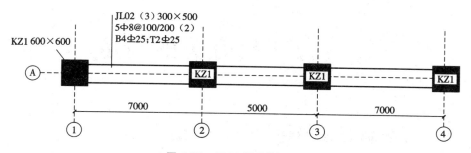

图 4-35 JL02 平法施工图

（1）计算参数

1）保护层厚度 $c = 30$ mm

2）$l_a = 30d$

（2）钢筋计算过程

底部多出的贯通纵筋 2 Φ 25：

长度＝梁总长－$2c + 2 \times 15d$

   ＝$7000 \times 2 + 5000 - 2 \times 30 + 2 \times 15 \times 25$

   ＝$19\ 690(\text{mm})$

焊接接头个数＝$19\ 690/9000 - 1 = 2(\text{个})$

5 与基础有关的构造

5.1 与基础有关的构造平法识图

与基础有关的构造是指上柱墩、下柱墩、基坑（沟）、后浇带、窗井墙构造，这些相关构造的平法标注，采用"直接引注"的方法，"直接引注"是指在平面图构造部位直接引出标注该构造的信息。基础相关构造类型与编号，见表 5-1。

表 5-1 基础相关构造类型与编号

构造类型	代号	序号	说明
后浇带	HJD	xx	用于梁板、平板筏基础、条形基础
上柱墩	SZD	xx	用于平板筏基础
下柱墩	XZD	xx	用于梁板、平板筏基础
基坑（沟）	JK	xx	用于梁板、平板筏基础
窗井墙	CJQ	xx	用于梁板、平板筏基础

1. 后浇带 HJD

后浇带的平面形状及定位由平面布置图表达，后浇带留筋方式等由引注内容表达，包括：

1) 后浇带编号及留筋方式代号。《12G901-3》图集留筋方式有两种，分别为贯通留筋（代号 GT）、100% 搭接留筋（代号 100%）。

2) 后浇混凝土的强度等级 Cxx。宜采用补偿收缩混凝土，设计应注明相关施工要求。

3) 当后浇带区域留筋方式或后浇混凝土强度等级不一致时，设计者应在图中注明与图示不一致的部位及做法。

设计者应注明后浇带下附加防水层做法；当设置抗水压垫层时，尚应注明其厚度、材料与配筋；当采用后浇带超前止水构造时，设计者应注明其厚度与配筋。

后浇带引注见图 5-1。

贯通留筋的后浇带宽度通常取大于或等于 800 mm；100% 搭接留筋的后浇带宽度通常取 800 mm 与 $(l_l + 60$ mm$)$ 的较大值。

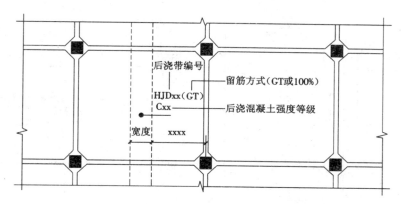

图 5-1　后浇带引注图示

2. 上柱墩 SZD

上柱墩 SZD,系根据平板式筏形基础受剪或受冲切承载力的需要,在板顶面以上混凝土柱的根部设置的混凝土墩。

上柱墩直接引注的内容包括:

(1) 编号

见表 5-1。

(2) 几何尺寸

按"柱墩向上凸出基础平板高度 h_d\柱墩顶部出柱边缘宽度 c_1\柱墩底部出柱边缘宽度 c_2"的顺序注写,其表达形式为 h_d\$c_1$\$c_2$。

当为棱柱形柱墩 $c_1 = c_2$ 时,c_2 不注,表达形式为 h_d\c_1。

(3) 配筋

按"竖向($c_1 = c_2$)或斜竖向($c_1 \neq c_2$)纵筋的总根数、强度等级与直径\箍筋强度等级、直径、间距与肢数(X 向排列肢数 m×Y 向排列肢数 n)"的顺序注写(当分两行注写时,则可不用反斜线"\")。

所注纵筋总根数环正方形柱截面均匀分布,环非正方形柱截面相对均匀分布(先放置柱角筋,其余按柱截面相对均匀分布),其表达形式为:xx ⏀ xx\$\phi$xx@xxx。

棱台形上柱墩($c_1 \neq c_2$)引注见图 5-2。棱柱形上柱墩($c_1 = c_2$)引注见图 5-3。

【例 5-1】　SZD3,600\50\350,14 ⏀ 16\Φ 10 @100(4×4),表示 3 号棱台状上柱墩;凸出基础平板顶面高度为 600,底部出柱边缘宽度为 350,顶部出柱边缘宽度为 50;共配置 14 根 ⏀ 16 斜向纵筋;箍筋直径 Φ 10 间距 100,X 向与 Y 向各为 4 肢。

当为非抗震设计,且采用素混凝土上柱墩时,则不注配筋。

3. 下柱墩

下柱墩 XZD,系根据平板式筏形基础受剪或受冲切承载力的需要,在柱的所

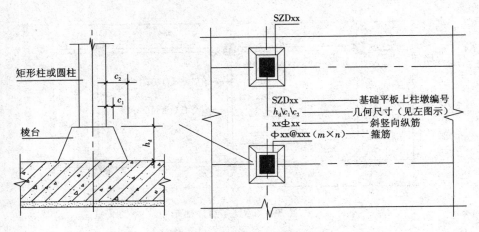

图 5-2　棱台形上柱墩引注图示

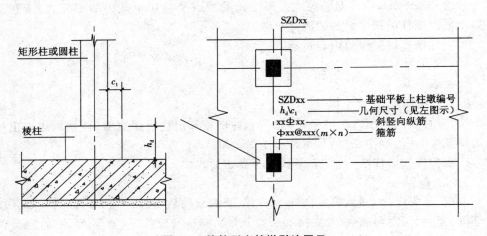

图 5-3　棱柱形上柱墩引注图示

在位置、基础平板底面以下设置的混凝土墩。下柱墩直接引注的内容包括:

(1) 编号

见表 5-1。

(2) 几何尺寸

按"柱墩向下凸出基础平板深度 h_d\柱墩顶部出柱投影宽度 c_1\柱墩底部出柱投影宽度 c_2"的顺序注写,其表达形式为 $h_d \backslash c_1 \backslash c_2$。

当为倒棱柱形柱墩 $c_1 = c_2$ 时,c_2 不注,表达形式为 $h_d \backslash c_1$。

(3) 配筋

倒棱柱下柱墩,按"X 方向底部纵筋\Y 方向底部纵筋\水平箍筋"的顺序注写 (图面从左至右为 X 向,从下至上为 Y 向),其表达形式为:X ⊈ xx@xxx\Y ⊈ xx

@xxx\φ xx@xxx。倒棱台下柱墩,其斜侧面由两向纵筋覆盖,不必配置水平箍筋,则其表达形式为:$X \Phi xx@xxx \backslash Y \Phi xx@xxx$。

倒棱台形下柱墩($c_1 \neq c_2$)引注见图 5-4。倒棱柱形下柱墩($c_1 = c_2$)引注见图 5-5。

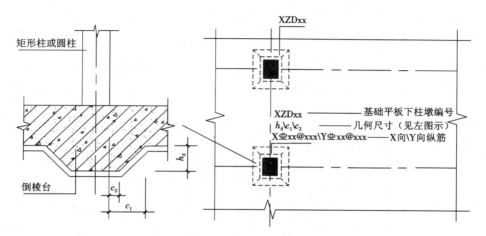

图 5-4 倒棱台形下柱墩引注图示

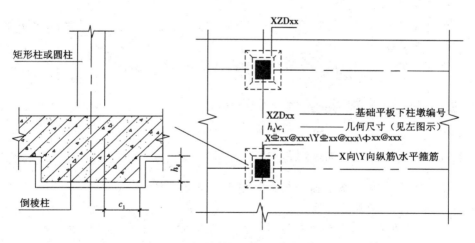

图 5-5 倒棱柱形下柱墩引注图示

4. 基坑

基坑,有时称作集水坑,常用于地下室底板(筏形基础的基础平板)上或蓄水池的底板上,它形成一个低于地面的矩形或圆形的容积,其作用是把地面上的积水向低凹处集中,以便于采用水泵将水排出。

(1) 编号

见表 5-1。

（2）几何尺寸

按"基坑深度 h_k/基坑平面尺寸 $x \times y$"的顺序注写,其表达形式为:$h_k/x \times y$。x 为 X 向基坑宽度,y 为 Y 向基坑宽度(图面从左至右为 X 向,从下至上为 Y 向)。

在平面布置图上应标注基坑的平面定位尺寸。

基坑引注图示见图 5-6。

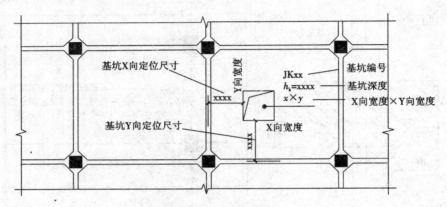

图 5-6　基坑引注图示

5. 窗井墙

窗井墙注写方式及内容除编号按表 5-1 规定外,其余均按剪力墙及地下室外墙的制图规则执行。

当在窗井墙顶部或底部设置通长加强钢筋时,设计应注明。

5.2　与基础有关的钢筋识图

5.2.1　基础联系梁 JLL 纵筋排布构造

基础联系梁 JLL 纵筋排布构造如图 5-7、图 5-8 所示。

上述构造要点概括如下:

1)当框架柱两边的地下框架梁纵筋交错锚固时,宜采用非接触锚固方式,以确保混凝土浇筑密实,使钢筋锚固效果达到强度要求。

2)柱纵筋在地下框架梁顶面以上的连接,应满足上部结构底层框架柱的连接要求,详见 11G101-1 的相关规定,从该部位往下至基础顶面应保持柱纵筋连续。

3)当地下框架梁上部贯通钢筋根数小于箍筋肢数时,需设置架立筋。附加架立筋与非贯通钢筋的搭接长度为 150 mm。

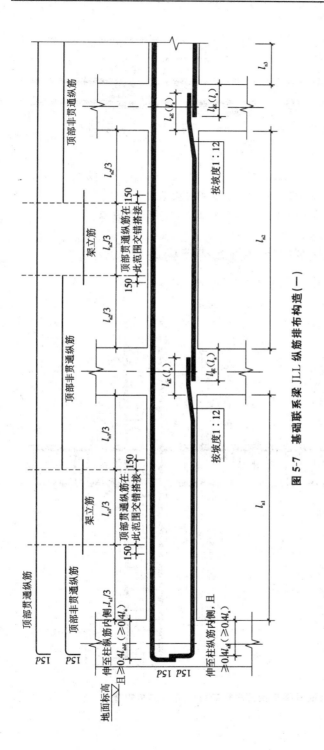

图 5-7 基础联系梁 JLL 纵筋排布构造(一)

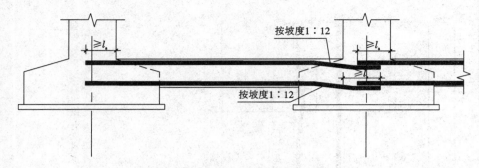

图 5-8　基础联系梁 JLL **纵筋排布构造(二)**

注:梁上部纵筋也可在跨中 1/3 范围内搭接,纵向钢筋在中间支座也可直通

5.2.2　基础联系梁与相关联框架柱箍筋排布构造

基础联系梁与相关联框架柱的箍筋排布构造如图 5-9 所示。

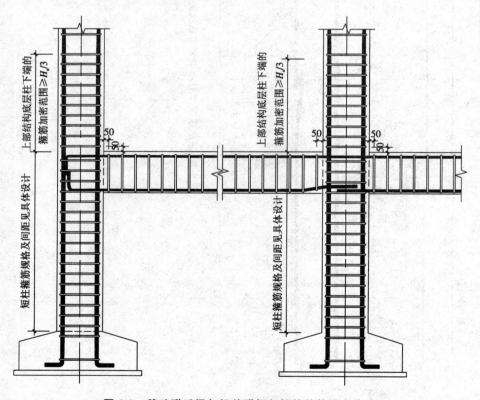

图 5-9　基础联系梁与相关联框架柱的箍筋排布构造

其构造要点概括如下:

1）基础联系梁 JLL 的第一道箍筋距柱边缘 50 mm 开始设置。

2）当上部结构底层底面以下设置地下框架梁时，上部结构底层框架柱下端的箍筋加密高度从地下框架梁顶面开始计算，地下框架梁顶面至基础顶面的箍筋同上部结构底层框架柱下端的加密箍筋。

3）地下框架梁顶部贯通钢筋也可在跨中 $l_n/3$ 范围搭接，且在搭接长度范围内应加密箍筋，箍筋加密构造应满足《12G901－3》图集的有关要求。

5.2.3　基础联系梁与基础以上框架柱箍筋排布构造

基础联系梁与基础以上框架柱箍筋排布构造如图 5-10 所示。

5.2.4　基础联系梁上部纵筋搭接连接位置和箍筋加密构造

基础联系梁上部纵筋搭接连接位置和箍筋加密构造如图 5-11 所示。

上述构造要点概括如下：

1）基础联系梁 DKL 的第一道箍筋距柱边缘 50 mm 开始设置。

2）上部结构底层框架柱下端的箍筋加密高度从基础顶面开始计算。

3）当基础连梁顶部贯通钢筋在跨中 $l_n/3$ 范围搭接时，在搭接长度范围内应加密箍筋。

5.2.5　基础底板后浇带 HJD 钢筋排布构造

1.基础底板后浇带 HJD 钢筋排布构造

基础底板后浇带 HJD 钢筋排布构造如图 5-12 所示。

2.基础梁后浇带 HJD 钢筋排布构造

基础梁后浇带 HJD 钢筋排布构造如图 5-13 所示。

后浇带两侧可采用钢筋支架单层钢丝网或单层钢板网隔断，当后浇混凝土时，应将其表面浮浆剔除。

3.后浇带 HJD 下抗水压垫层钢筋排布构造

后浇带 HJD 下抗水压垫层钢筋排布构造如图 5-14 所示。

4.后浇带 HJD 超前止水钢筋排布构造

后浇带 HJD 超前止水钢筋排布构造如图 5-15、图 5-16 所示。

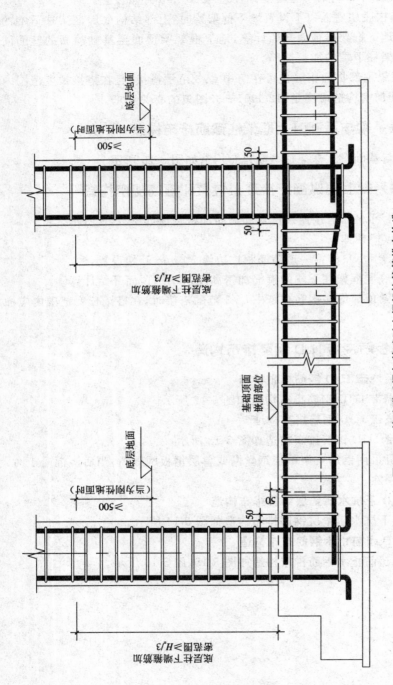

图 5-10 基础联系梁与基础以上框架柱箍筋排布构造

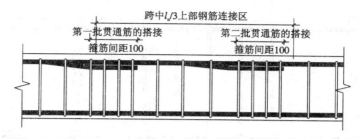

图 5-11 基础联系梁上部纵筋搭接连接位置和箍筋加密构造

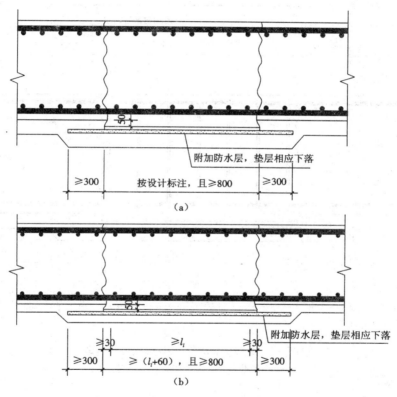

图 5-12 基础底板后浇带 HJD 钢筋排布构造

(a)贯通留筋;(b)100%搭接留筋

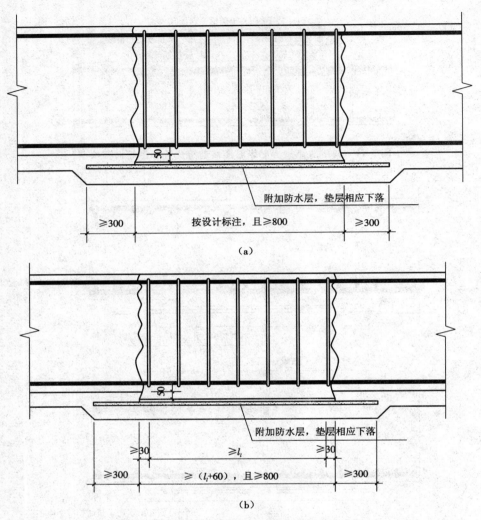

附加防水层，垫层相应下落

≥300　　　　　按设计标注，且≥800　　　　　≥300

（a）

附加防水层，垫层相应下落

≥30　　　　　≥l_l　　　　　≥30

≥300　　　　　≥（l_l+60），且≥800　　　　　≥300

（b）

图 5-13　基础梁后浇带 HJD 钢筋排布构造

（a）贯通留筋；（b）100％搭接留筋

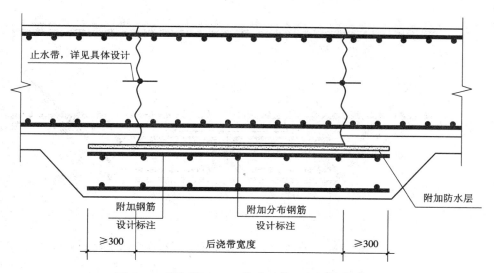

图 5-14　后浇带 HJD 下抗水压垫层钢筋排布构造

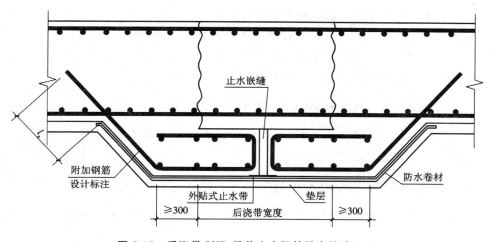

图 5-15　后浇带 HJD 超前止水钢筋排布构造(一)

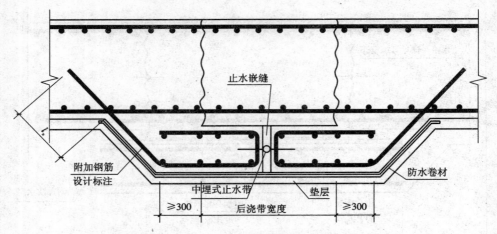

图 5-16　后浇带 HJD 超前止水钢筋排布构造(二)

5.2.6　基坑 JK 的钢筋排布构造

1. 基坑 JK 深度大于基础板厚的钢筋排布

基坑 JK 深度大于基础板厚的钢筋排布如图 5-17 所示。

2. 基坑 JK 深度小于基础板厚的钢筋排布

基坑 JK 深度小于基础板厚的钢筋排布如图 5-18 所示。

5.2.7　棱台(柱)状上柱墩 SZD 钢筋排布构造

棱台(柱)状上柱墩 SZD 钢筋排布构造如图 5-19 至图 5-21 所示。

柱墩范围内柱的箍筋按加密区设置,上部结构柱高从柱墩顶面算起。

5.2.8　基础平板下倒棱台形柱墩 XZD 钢筋排布构造

基础平板下倒棱台形柱墩 XZD 钢筋排布构造如图 5-22、图 5-23 所示。

5.2.9　基础下柱墩 XZD 钢筋排布构造

基础下柱墩 XZD 钢筋排布构造如图 5-24、图 5-25 所示。

5.2.10　防水底板 JB 与各类基础的连接构造

1. 低板位防水底板钢筋排布构造

低板位防水底板钢筋排布构造如图 5-26、图 5-27 所示。

2. 中板位防水底板钢筋排布构造

中板位防水底板钢筋排布构造如图 5-28、图 5-29 所示。

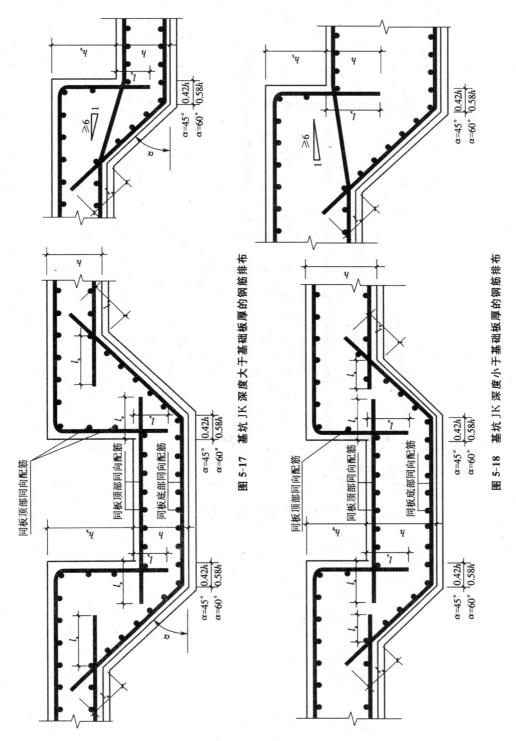

图 5-17 基坑 JK 深度大于基础板厚的钢筋排布

图 5-18 基坑 JK 深度小于基础板厚的钢筋排布

同板顶部同向配筋

同板顶部同向配筋

同板底部同向配筋

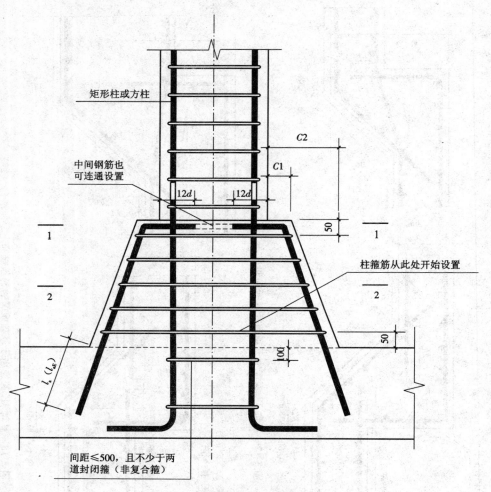

矩形柱或方柱

中间钢筋也
可连通设置

12d 12d

C2

C1

50

柱箍筋从此处开始设置

1   1

2   2

50

100

$l_a(l_{aE})$

间距≤500，且不少于两
道封闭箍（非复合箍）

图 5-19　棱台(柱)状上柱墩 SZD

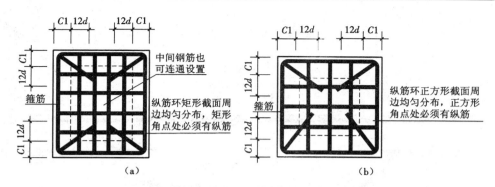

图 5-20　棱台(柱)状上柱墩 SZD 的 1—1 剖面图
(a)矩形截面;(b)正方形截面

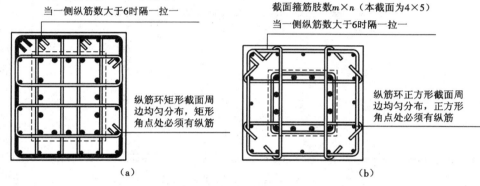

图 5-21　棱台(柱)状上柱墩 SZD 的 2—2 剖面图
(a)矩形截面;(b)正方形截面

图 5-22　基础平板下倒棱台形柱墩 XZD 钢筋排布构造

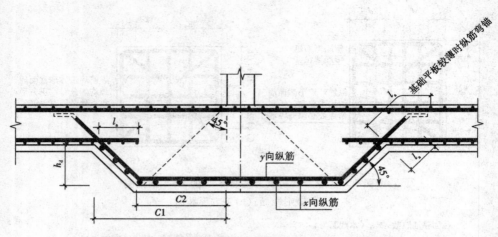

图 5-23　基础平板下倒棱台形柱墩 XZD 的 1—1 剖面图

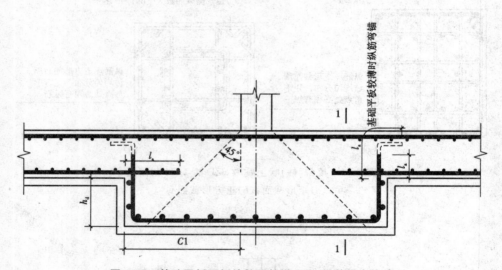

图 5-24　基础平板下倒棱柱形柱墩 XZD 钢筋排布构造

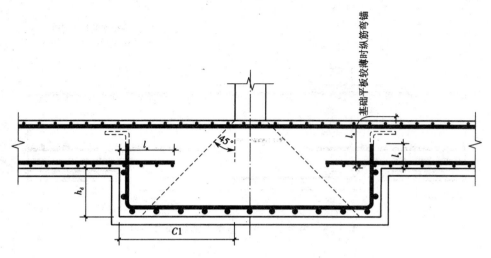

图 5-25 基础平板下倒棱柱形柱墩 XZD 的 1—1 剖面图

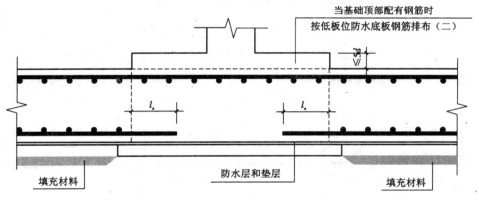

图 5-26 低板位防水底板钢筋排布构造（一）

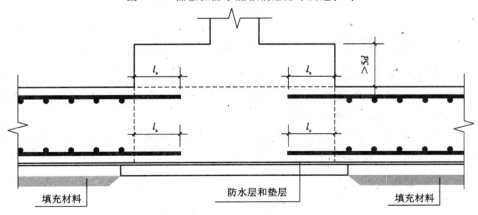

图 5-27 低板位防水底板钢筋排布构造（二）

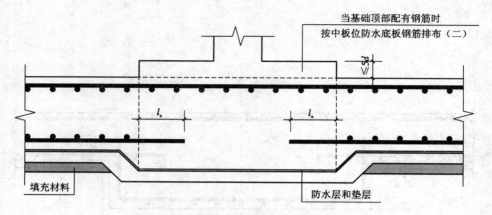

图 5-28 中板位防水底板钢筋排布构造(一)

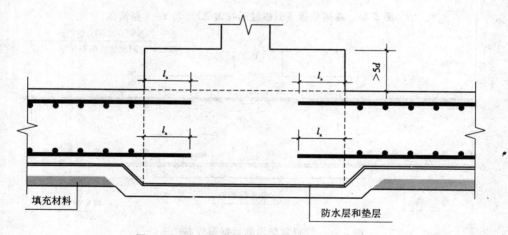

图 5-29 中板位防水底板钢筋排布构造(二)

5.2.11 基础顶面在防水板内时的基础连接构造

基础顶面在防水板内时的基础连接构造如图 5-30 所示。

当基础梁、承台梁、基础联系梁或其他类型的基础宽度≤l_a时,可将受力钢筋穿越基础后在其连接区域内连接。

当基础梁、承台梁、基础联系梁或其他类型的基础宽度≤l_a时,可将受力钢筋穿越基础后在其连接区域内连接。

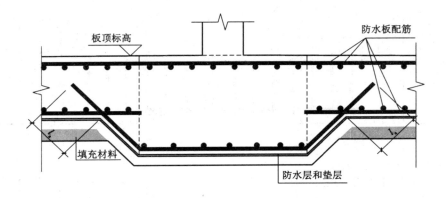

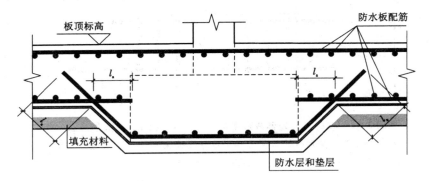

图 5-30　基础顶面在防水板内时的基础连接构造

5.2.12　单跨且无外伸或悬挑的基础连梁 JLLxx(1)钢筋排布构造

单跨且无外伸或悬挑的基础连梁 JLLxx(1)钢筋排布构造如图 5-31 所示。

其构造要点概括如下:

1) 单跨基础连梁 JLLxx(1)的锚固支座,可为普通独立基础、杯口独立基础、条形基础、桩基独立承台、承台梁以及大直径挖孔桩顶等。当单跨基础连梁的左右支座不同时,应根据具体情况交叉采用本图构造。

2) 当具体设计注明单跨基础连梁的纵向钢筋锚固到框架柱截面投影范围时,应按《12G901-3》图集中多跨基础连梁端部支座的钢筋排布构造。

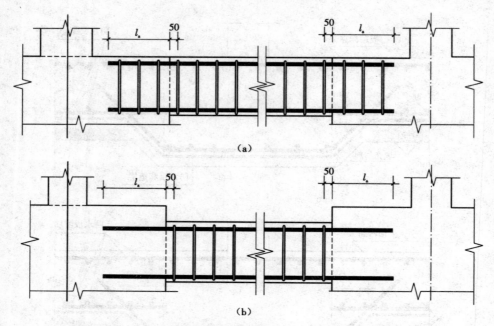

图 5-31 单跨且无外伸或悬挑的基础连梁 JLLxx(1)钢筋排布构造

(a)基础连梁顶面与基础顶面齐平或基础连梁顶面低于基础顶面≤5d；

(b)基础连梁顶面低于基础顶面＞5d

参考文献

[1] 中国建筑标准设计研究院.11G101－3 混凝土结构施工图平面整体表示方法制图规则和构造详图(独立基础、条形基础、筏形基础及桩基承台)[S].北京：中国计划出版社,2011.

[2] 中国建筑标准设计研究院.12G901－3 混凝土结构施工钢筋排布规则与构造详图(独立基础、条形基础、筏形基础、桩基承台)[S].北京：中国计划出版社,2012.

[3] 中华人民共和国住房和城乡建设部,中华人民共和国国家质量监督检验检疫总局.GB 50010—2010 混凝土结构设计规范[S].北京：中国建筑工业出版社,2010.

[4] 中华人民共和国住房和城乡建设部,中华人民共和国国家质量监督检验检疫总局.GB 50011—2010 建筑抗震设计规范[S].北京：中国建筑工业出版社,2010.